Siegfried Schneider

Mathematik

Gleichungen und Funktionen

POCKET TEACHER

Download: PowerPoint-Referat

1. Rufe die Internetseite auf:
   www.cornelsen.de/pocket-teacher
2. Gib den Webcode ein: **PT227747**

Cornelsen
SCRIPTOR

Der Autor:
Siegfried Schneider ist emeritierter Professor für Methodik des Mathematikunterrichts und Autor mehrerer Lehrbücher.

Für die neue Ausgabe wurde dieser Band vollständig aktualisiert und erweitert.

www.cornelsen.de

Bibliografische Information: Die Deutsche Bibliothek verzeichnet diese Publikation in der Deutschen Nationalbibliografie; detaillierte bibliografische Daten sind im Internet über http://dnb.ddb.de abrufbar.

Dieses Werk berücksichtigt die Regeln der deutschen Rechtschreibung, die seit August 2006 gelten.

5. 4. 3. 2. 1. Die letzten Ziffern bezeichnen
13 12 11 10 09 Zahl und Jahr der Auflage.

Projektleitung: Anja Sokoll, Berlin
Redaktion: E. E. Conrad, Frankfurt am Main
Redaktionelle Neubearbeitung: Markus Holm, Berlin
Reihengestaltung: Magdalene Krumbeck, Wuppertal
Satz und Layout: Lennart Fischer und Torsten Lemme, Berlin
Herstellung: Uwe Pahnke, Berlin
Sachzeichnungen: Stefan Giertzsch und R. J. Fischer, Berlin
Umschlagentwurf: Patricia Müller und R. J. Fischer, Berlin
Druck und Bindearbeiten: CPI – Clausen & Bosse, Leck
Printed in Germany
ISBN 978-3-589-22774-7

Gedruckt auf säurefreiem Papier,
umweltschonend hergestellt aus chlorfrei gebleichten Faserstoffen.

Inhalt

Vorwort

Liebe Schülerin, lieber Schüler!
Dieser handliche POCKET TEACHER bringt dir viele Vorteile: Er informiert knapp und genau. Regeln, Erklärungen, Beispiele, Tabellen – alles ist übersichtlich geordnet und leicht verständlich.
Du kannst die gewünschten Infos am schnellsten über das Stichwortverzeichnis am Ende des Bandes finden. – Stichwort vergessen? Dann schau am besten ins Inhaltsverzeichnis und suche im entsprechenden Kapitel nach dem Wort! – Stichwörter sind durch Fettdruck hervorgehoben.

Der POCKET TEACHER Mathematik Gleichungen und Funktionen stellt die wichtigsten Gesetze und Regeln zusammen, die zum Stoff der Sekundarstufe I gehören. Grundlegende Begriffserklärungen, Sätze und Regeln sind farbig unterlegt.

BEISPIELE Zu jedem Thema werden viele Beispiele gegeben. Es ist nützlich, sie selbst zu lösen, nachzurechnen oder darzustellen und weitere Beispiele zu suchen oder zu bearbeiten.

Teste dein Wissen! Am Ende jedes Kapitels werden die wichtigsten Inhalte in einer Checkliste abgefragt. So kannst du dein Wissen schnell testen. Entdeckst du noch Lücken, dann gibt es hier Hinweise, welche Seiten du noch einmal genau lesen solltest.

BEACHTE Natürlich kann die POCKET-TEACHER-Reihe ausführliche Schulbücher mit Versuchsanleitungen, Übungen und Beispielen nicht ersetzen. Das soll sie auch nicht. Sie ist deine kleine Merkhilfe-Bibliothek für alle Gelegenheiten, besonders für Hausaufgaben oder für die Vorbereitung auf Klassenarbeiten und Abschlussprüfungen.

▶ **HINWEIS** Über Mengen, Zahlen und Gleichungen kannst du auch im POCKET TEACHER Mathematik Algebra nachlesen.
Wenn du zusätzliches Übungsmaterial suchst, dann schau dir doch einmal die Reihe *Besser in Mathematik* in deiner Buchhandlung an. Dort findest du ausführliche Erklärungen und viele Aufgaben mit Lösungen.

1 Mengen

1.1 Grundbegriffe

Mengenbegriff

Im Alltag wird der Begriff unterschiedlich verwendet:

- Auf dem Markt ist eine Menge Menschen versammelt. (Es sind einzelne Personen. Man kann sie abzählen.)
- In die Wanne ist eine Menge Wasser gelaufen. (Es ist viel Wasser drin. Man kann nichts abzählen.)

GEORG CANTOR (1845–1918) führte einen Mengenbegriff in die Mathematik ein:

> Eine ***Menge*** ist eine Zusammenfassung von bestimmten wohlunterschiedenen Objekten unserer Anschauung oder unseres Denkens – welche die ***Elemente*** der Menge genannt werden – zu einem Ganzen.

BEISPIELE

- Die Menge aller Seiten dieses Buches
- Die Menge aller Buchstaben des Alphabets
- Die Menge aller Primzahlen
- Die Menge aller Punkte einer Strecke

Der Gebrauch des Begriffs Menge nach der anschaulichen Erklärung von CANTOR kann zu Widersprüchen führen. In der Mathematik wird heute der Begriff Menge als *Grundbegriff* betrachtet, der nicht definiert werden muss. Vielmehr werden eindeutige *Grundsätze* (*Axiome*) darüber formuliert, wie Mengen zu bilden sind. Mithilfe des Grundbegriffs Menge lassen sich weitere mathematische Begriffe definieren.

BEISPIEL Die Winkelhalbierende eines Winkels α ist die Menge aller Punkte, die von den Schenkeln des Winkels den gleichen Abstand haben.

Darstellung von Mengen

Bezeichnung

- *Mengen* werden meist mit Großbuchstaben benannt.
  A, B, M_1, M_2 u. a.
- *Elemente* von Mengen werden mit Kleinbuchstaben benannt.
  a, b, x_1, x_2 u. a.
- Gehört ein Element x zur Menge A, so schreibt man
  $x \in A$; in Worten: x (ist ein) Element (der Menge) A.
- Gehört ein Element y nicht zur Menge A, so schreibt man
  $y \notin A$; in Worten: y (ist) nicht Element (von) A.

Beschreibung mit Worten

BEISPIEL Die Menge aller Quadratzahlen bis 100

Bei der Beschreibung mit Worten dürfen nur Begriffe verwendet werden, die ihrerseits eindeutig sind.

BEISPIELE

- Alle jungen Leute von Adorf
  (Ungenaue Beschreibung; was bedeutet „jung“?)
- Alle Leute von Adorf im Alter von 15 bis 25 Jahren
  (genaue Beschreibung)

Darstellung mit Klammern

Für Mengendarstellungen verwendet man geschweifte Klammern. In den Klammern stehen die Symbole für die Elemente.

BEISPIEL

$M_1 = \{1; 2; 3; 4; 5; 6; 7; 8; 9\}$

Falls nicht alle Elemente aufgeführt werden sollen oder können, lässt man Lücken.

BEISPIELE

- $M_2 = \{1; 3; 5; \ldots; 999\}$
  Menge aller ungeraden Zahlen, die kleiner sind als 1000
  Bei M_2 wird stillschweigend angenommen, dass die Elemente alle ungeraden Zahlen bis 999 sind. Ohne die zusätzliche Beschreibung ist allerdings M_2 nicht eindeutig bestimmt.
- $M_3 = \{3; 5; 7; \ldots; 19\}$
  Welche Elemente gehören zu M_3?
  Alle ungeraden Zahlen von 3 bis 19?
  Alle Primzahlen, die größer als 2 und kleiner als 20 sind?

Um solche Ungenauigkeiten zu vermeiden, schreibt man in die Klammern statt der einzelnen Elemente die allgemeine Bildungsvorschrift und die Grundmenge der Variable.

BEISPIELE

- $M_4 = \{x\colon x = 2n + 1;\ n \in \mathbb{N};\ 0 < n < 10\}$
- $M_5 = \{x\colon x \in P;\ 2 < x < 20\}$; P ist Menge aller Primzahlen

Veranschaulichung von Mengen

Häufig werden geschlossene Kurven einer Ebene verwendet (***Euler-Venn-Diagramm***, s. u.). Diese Darstellung wird vor allem zur Veranschaulichung von Mengenbeziehungen und Mengenoperationen benutzt (↗ S. 13, 16 ff.). Die Aufführung der einzelnen Elemente ist dabei meist nicht erforderlich.
Zahlenmengen werden häufig als Punktmengen oder Intervalle auf einer Zahlengeraden veranschaulicht.

BEISPIELE

- $M_5 = \{3; 5; 7; 11; 13; 17; 19\}$

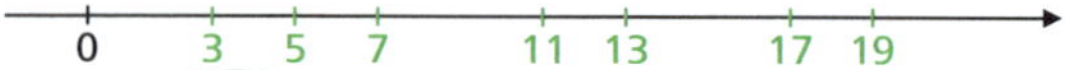

Euler-Venn-Diagramm

- $M_6 = \{x \colon x \in R; -3 < x < +3\}$ (↗ S. 24)

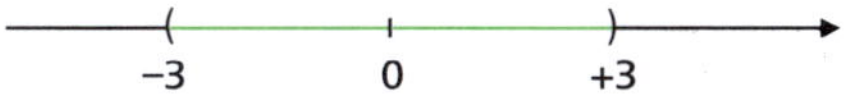

Mengenbeziehungen

Gleichheit von Mengen

> Stimmen zwei Mengen *A* und *B* in allen Elementen überein, so sind sie *gleich*: *A* = *B*, (Menge) *A* gleich (Menge) *B*.

BEISPIEL

$M_7 = \{x \colon x = 2n - 1; n \in \mathbb{N}; 1 < n < 5\}$
$M_8 = \{x \colon x \in P; 2 < x < 8\}$; *P* ist Menge aller Primzahlen
$M_7 = M_8$

Teilmengenbeziehung

> Sind die Elemente einer Menge *A* alle auch in einer Menge *B* enthalten, so nennt man
>
> - *A* ***Teilmenge*** oder ***Untermenge*** von *B*: $A \subset B$,
> - *B* ***Obermenge*** von *A*: $B \supset A$.
>
> Die nicht zu *A* gehörenden Elemente von *B* bilden die ***Komplementärmenge*** $\overline{A}$ von *A* bezüglich *B*.

BEISPIEL

$M_5 \subset M_4$
Veranschaulichung durch ein VENN-Diagramm

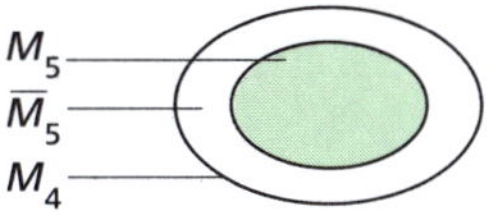

Enthält die Obermenge Elemente, die nicht in der Teilmenge enthalten sind, so spricht man von einer ***echten Teilmenge.***

BEISPIELE

- M_5 ist im vorigen Beispiel echte Teilmenge von M_4,
- M_4 ist echte Obermenge von M_5.

Will man zulassen, dass die Teilmenge auch alle Elemente der Obermenge enthalten kann, so schreibt man $A \subseteq B$:
A ist ***unechte Teilmenge*** von B, B ist ***unechte Obermenge*** von A.

BEISPIEL

Vgl. M_7 und M_8 auf der vorigen Seite:
$M_7 \subseteq M_8$. Ebenso gilt: $M_8 \subseteq M_7$.

Mächtigkeit von Mengen

Die Anzahl der Elemente in den Mengen M_1, M_4 oder M_8 ist endlich.

> Hat eine Menge endlich viele Elemente, so nennt man sie ***endliche Menge***.

Die Anzahl der Elemente gibt die ***Mächtigkeit*** dieser Mengen an. Enthält eine Menge genau n Elemente, hat sie die Mächtigkeit n.

BEISPIEL $M_8 = \{3; 5; 7\}$ hat die Mächtigkeit 3.

> Zwei endliche Mengen A und B heißen ***gleichmächtig***, wenn sie die gleiche Anzahl von Elementen besitzen:
> $A \sim B$.

BEISPIEL

$M_1 = \{1; 2; \ldots; 9\}$
$M_4 = \{3; 5; 7; 9; 11; 13; 15; 17; 19\}$
$M_1 \sim M_4$

FEHLERQUELLE $M_1 \sim M_4$, aber $M_1 \neq M_4$; *Gleichmächtigkeit* und *Gleichheit* von Mengen sind unterschiedliche Begriffe.

Die Mengen M_6 (↗ S. 13 oben), $\mathbb{N}$, P (Menge der Primzahlen) enthalten unendlich viele Elemente. Man kann keine natürliche Zahl n als Anzahl ihrer Elemente angeben. Bei bestimmten Mengen ist es jedoch möglich, sie Element für Element den natürlichen Zahlen zuzuordnen, sie gewissermaßen durchzunummerieren.

BEISPIEL

$$\begin{array}{lccccccccccc}
P = \{ & 2; & 3; & 5; & 7; & 11; & 13; & 17; & 19; & 23; & \ldots\} \\
 & \downarrow & \downarrow & \downarrow & \downarrow & \downarrow & \downarrow & \downarrow & \downarrow & \downarrow & \\
\mathbb{N} = \{ & 1; & 2; & 3; & 4; & 5; & 6; & 7; & 8; & 9; & \ldots\}
\end{array}$$

Solche Mengen nennt man ***abzählbar unendlich***.

> Jede abzählbar unendliche Menge ist gleichmächtig zu $\mathbb{N}$.

$P \sim \mathbb{N}$; andererseits gilt $P \subset \mathbb{N}$. $\mathbb{N}$ ist echte Obermenge zu P, enthält also noch Elemente, die P nicht enthält.

Vorstellungen von endlichen Mengen lassen sich nicht auf unendliche Mengen übertragen. Es gibt auch unendliche Mengen, die nicht abzählbar sind. Man nennt sie ***überabzählbar unendlich***. Die Elemente dieser Mengen lassen sich nicht durchnummerieren.

BEISPIEL M_6 (↗ S. 13) und $\mathbb{R}$ (Menge der reellen Zahlen)

> Enthält eine Menge *keine* Elemente, so spricht man von der ***leeren Menge*** und kennzeichnet sie mit Ø.
> Die leere Menge ist Teilmenge jeder Menge: $\emptyset \subset M$.

1.2 Mengenoperationen

Mit Mengen kann man operieren. Bekannt sind Operationen mit Zahlen, z. B. das Bilden von Summen, Differenzen oder Produkten. Mengen kann man vereinigen, es lassen sich die Differenz, der Durchschnitt, das Produkt und die Potenz bilden.

Vereinigung von Mengen

> Unter der ***Vereinigung*** zweier Mengen A und B versteht man diejenige Menge, zu der alle Elemente gehören, die in A *oder* in B enthalten sind, in Zeichen $A \cup B$, A vereinigt B.

BEISPIEL

$A = \{1; 2; 3\}$
$B = \{4; 5; 6\}$
$A \cup B = \{1; 2; 3; 4; 5; 6\}$

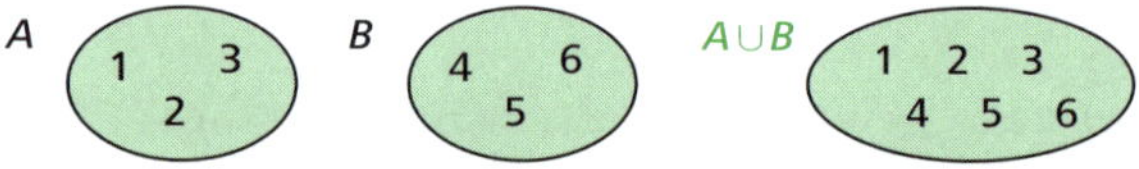

Haben A und B *kein* Element gemeinsam, so heißen sie zueinander ***disjunkt (elementfremd)***.
Sind sie nicht disjunkt, so wird jedes der gemeinsamen Elemente in der Vereinigungsmenge *nur einmal* aufgeführt.

BEISPIEL

$C = \{1; 2; 3; 4; 5\}$; Mächtigkeit: 5
$D = \{3; 4; 5; 6; 7; 8; 9\}$; Mächtigkeit: 7

$C \cup D = \{1; 2; 3; 4; 5; 6; 7; 8; 9\}$; Mächtigkeit: 9

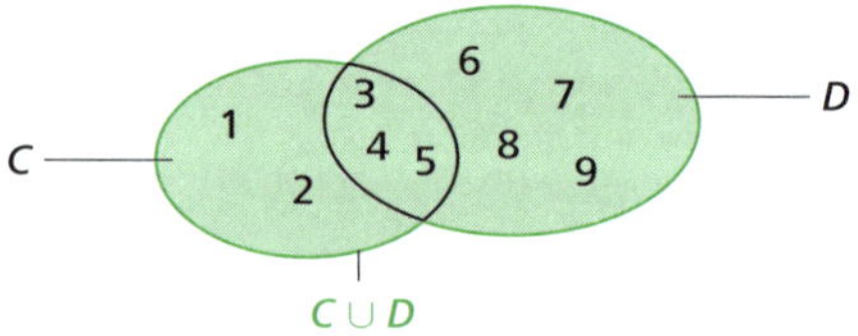

Differenz von Mengen

> Unter der ***Differenz*** zweier Mengen A und B versteht man die Menge derjenigen Elemente von A, die nicht in B enthalten sind, in Zeichen $A \setminus B$, gelesen A minus B.

BEISPIEL

$A = \{1; 2; 3; 4; 5\}$
$B = \{4; 5; 6; 7\}$
$A \setminus B = \{1; 2; 3\}$

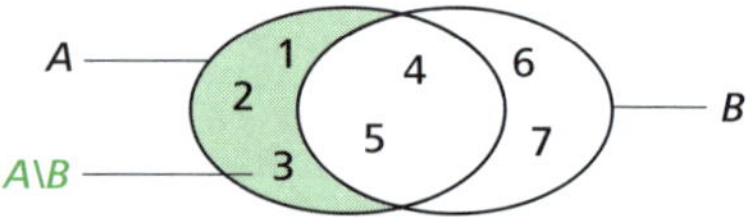

Sind A und B disjunkt, so ist $A \setminus B = A$.

BEISPIEL

$A = \{1; 3; 5; 7; \dots\}$; Menge aller ungeraden Zahlen
$B = \{0; 2; 4; 6; \dots\}$; Menge aller geraden Zahlen
$A \setminus B = \{1; 3; 5; 7; \dots\}$

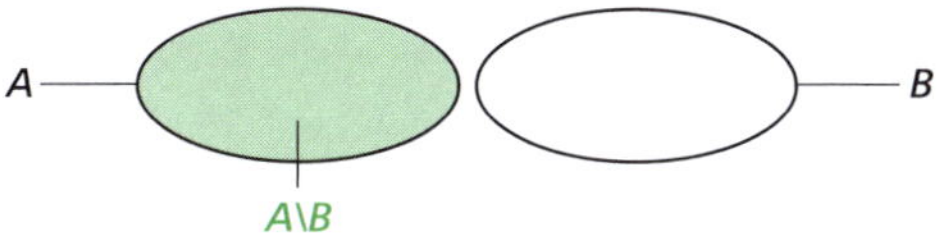

1

Durchschnitt von Mengen

> Unter dem ***Durchschnitt*** zweier Mengen *A* und *B* versteht man die Menge derjenigen Elemente, die sowohl in *A* als auch in *B* enthalten sind, in Zeichen $A \cap B$, *A* geschnitten *B*.

BEISPIEL

$A = \{1; 2; 3; 4; 5\}$
$B = \{4; 5; 6; 7\}$
$A \cap B = \{4; 5\}$

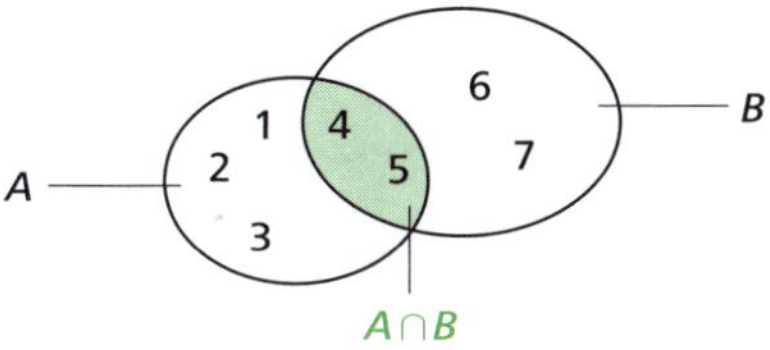

Sind A und B disjunkt, so ist der Durchschnitt leer. Es gibt kein Element, das sowohl in A als auch in B enthalten ist.

BEISPIEL

$A = \{1; 3; 5; 7; \dots\}$; Menge aller ungeraden Zahlen
$B = \{0; 2; 4; 6; \dots\}$; Menge aller geraden Zahlen
$A \cap B = \varnothing$

Produktmenge

> Unter dem ***Produkt*** zweier Mengen *A* und *B* versteht man die Menge aller ***geordneten Paare*** (a, b) mit $a \in A$ und $b \in B$, in Zeichen $A \times B$, *A* kreuz *B* (***Produktmenge, Kreuzmenge***).

BEISPIEL $A = \{1; 2; 3\}$ $B = \{4; 5\}$

$A \times B = \{(1; 4), (1; 5), (2; 4), (2; 5), (3; 4), (3; 5)\}$

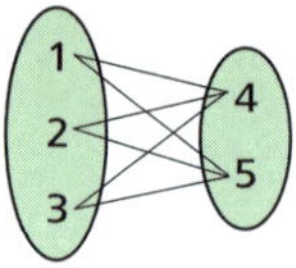

Mächtigkeit von *A*: 3

Mächtigkeit von *B*: 2

Mächtigkeit von $A \times B$: $3 \cdot 2 = 6$

Die Mächtigkeit der Produktmenge $A \times B$ ist gleich dem Produkt der Mächtigkeiten von *A* und *B*.

FEHLERQUELLE Die in Produktmengen als Elemente auftretenden geordneten Paare sind wohl zu unterscheiden von Mengen mit zwei Elementen.

BEISPIEL $(1; 4) \neq (4; 1)$, aber $\{1; 4\} = \{4; 1\}$

Man kann das Produkt einer Menge *M* mit sich selbst bilden.

$M \times M = M^2$

BEISPIEL

$M = \{1; 2; 3; 4; 5\}$

$M^2 = \{(1; 1), (1; 2), \ldots$

$\ldots (5; 4), (5; 5)\}$

Diese Menge kann durch Gitterpunkte in einem Koordinatensystem veranschaulicht werden.

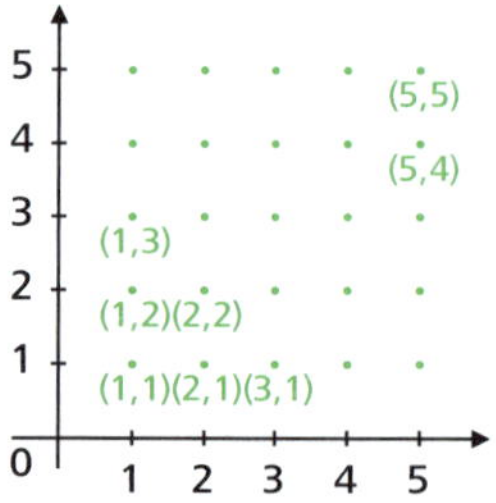

▶ **HINWEIS** Funktionen (↗ S. 37 ff.) sind echte Teilmengen von $D \times W$ (*D* Definitionsbereich, *W* Wertebereich).

Potenzmenge

Geordnete Paare (a, b) können als geordnete Mengen (↗ S. 21) aufgefasst werden. Dann ist die Produktmenge eine Menge von Mengen, ein *Mengensystem*, eine Menge, deren Elemente wiederum Mengen sind.

Ein weiteres Mengensystem ist die Potenzmenge.

> Unter der ***Potenzmenge*** einer Menge A versteht man die Menge aller Teilmengen von A und bezeichnet sie mit P_A.

BEISPIEL

$A = \{1; 2; 3\}$

$P_A = \{\emptyset, \{1\}, \{2\}, \{3\}, \{1; 2\}, \{1; 3\}, \{2; 3\}, \{1; 2; 3\}\}$

Elemente dieser Potenzmenge sind also nicht die Elemente von A, sondern die Teilmengen $\{1\}$, $\{2\}$ usw. (*Einermengen*), $\{1; 2\}$, $\{1; 3\}$ usw. (*Zweiermengen*) usw.

Da die leere Menge Teilmenge jeder Menge ist, gehört sie zu jeder Potenzmenge.
Da jede Menge eine (unechte) Teilmenge ihrer selbst ist, gehört sie ebenfalls zur Potenzmenge.

Die Mächtigkeit der Potenzmenge einer Menge mit n Elementen ist 2^n.

BEISPIELE

- Im obenstehenden Beispiel hat die Potenzmenge P_A die Mächtigkeit $2^3 = 8$, da A genau 3 Elemente besitzt.
- $M = \{a; b\}$
  $P_M = \{\emptyset, \{a\}, \{b\}, \{a; b\}\}$
  Anzahl der Elemente von P_m ist $2^2 = 4$.

1.3 Zahlenmengen und Zahlenbereiche

Zahlenmengen

Auf den vorangehenden Seiten sind vielfach als Beispiele Mengen aufgeführt, deren Elemente Zahlen sind. Schreibt man die einzelnen Elemente auf, so wird meist eine gewisse Ordnung eingehalten.

BEISPIEL

Menge aller Primzahlen, die kleiner als 10 sind:
$M = \{2; 3; 5; 7\}$.
Ebenso kann man schreiben:
$M = \{3; 2; 5; 7\}$ oder $M = \{5; 3; 7; 2\}$ usw.
(Es gibt 24 verschiedene Möglichkeiten, die Elemente aufzuschreiben bzw. anzuordnen.)

Jedes Element einer Menge ist *gleichberechtigt*. Auf ↗ S. 18 wurde auf den Unterschied zwischen einem geordneten Paar $(a; b)$ – a steht an erster, b an zweiter Stelle – und einer Zweiermenge hingewiesen. Bei einer Menge ist es gleichgültig, in welcher Reihenfolge die Elemente stehen: $\{a; b\} = \{b; a\}$.

Beim Ziehen von Lottozahlen liegen in einem Behälter 49 völlig gleichartige Kugeln, auf denen die Zahlen stehen. Jede Kugel entspricht einem Element aus der Menge der Lottozahlen:

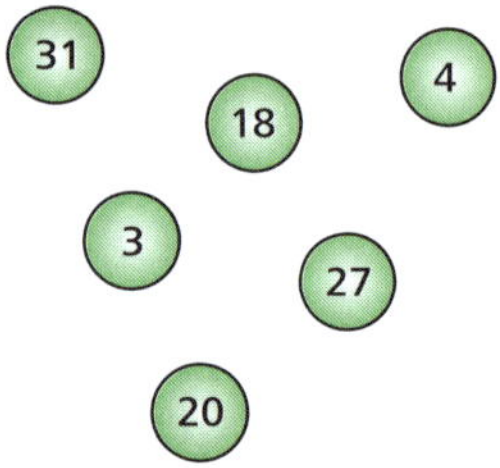

$L = \{1; 2; 3; \ldots, 48; 49\}$.

Durch einen *Zufallsgenerator* werden sechs Zahlen aus L gewählt. Dies ist eine Vorrichtung, durch die ein Element aus einer Menge ausgewählt werden kann, ohne dass irgendein Element bevorzugt wird. Die so bestimmten sechs Zahlen – Glückszahlen der Ziehung – bilden eine Teilmenge von L. Die Reihenfolge, in der sie gezogen wurden, hat keinerlei Bedeutung. Bekanntgegeben werden sie meist in geordneter Folge.

BEISPIEL

So wurden die Glückszahlen der Reihe nach gezogen:
18 – 4 – 27 – 31 – 3 – 20.
So werden sie meist veröffentlicht:
3 – 4 – 18 – 20 – 27 – 31.

Man gibt die Zahlen der Größe nach an. Auf dem Lottoschein stehen sie auch in geordneter Folge.

Strukturierte Mengen

Wird in einer Menge festgelegt, in welcher Reihenfolge die Elemente aufeinanderfolgen, so spricht man von einer ***geordneten Menge***.

BEISPIELE

- In der Menge der natürlichen Zahlen bestimmt die Relation „kleiner als“ (<), in welcher Reihenfolge die Elemente stehen.
- Im Telefonbuch bestimmt das Alphabet, in welcher Reihenfolge die Namen der Teilnehmer stehen.
- In einer Turnmannschaft bestimmt die Körpergröße, in welcher Reihenfolge die Schüler antreten.

Zwischen den Elementen einer Zahlenmenge können noch andere Beziehungen und Operationen festgelegt werden. Man spricht dann von einer ***strukturierten Menge***.
Strukturierte Zahlenmengen nennt man auch ***Zahlenbereiche***.

BEISPIEL

Der Bereich der natürlichen Zahlen ist dadurch gekennzeichnet, dass in der Menge der natürlichen Zahlen

- eine Ordnungsrelation festgelegt ist und
- die Addition und Multiplikation (und ihre Umkehrungen) als Operationen erklärt sind.

Man kann die erklärten Relationen symbolisch angeben:
Bereich der natürlichen Zahlen: $(\mathbb{N}; <; +; \cdot)$.

Häufig unterscheidet man die ungeordnete Menge *N* vom Zahlenbereich dadurch, dass man dem Symbol noch einen Anstrich hinzufügt: $\mathbb{N}$.
(Ungeordnete) Menge der reellen Zahlen: *R*,
Bereich der reellen Zahlen: $\mathbb{R}$.

Zahlenbereiche

Für die Charakterisierung eines Zahlenbereiches ist entscheidend, welche *Beziehungen* zwischen den Elementen bestehen und welche *Operationen erklärt* und *uneingeschränkt ausführbar* sind. Die folgende Tabelle zeigt dies für die bekannten Zahlenbereiche.

Es seien
$\mathbb{N}$ Bereich der natürlichen Zahlen
$\mathbb{Z}$ Bereich der ganzen Zahlen
$\mathbb{Q}^+$ Bereich der positiven rationalen Zahlen
$\mathbb{Q}$ Bereich der rationalen Zahlen
$\mathbb{R}$ Bereich der reellen Zahlen
$\mathbb{C}$ Bereich der komplexen Zahlen

	$\mathbb{N}$	$\mathbb{Z}$	$\mathbb{Q}^+$	$\mathbb{Q}$	$\mathbb{R}$	$\mathbb{C}$
Ordnung	×	×	×	×	×	
Addition	×	×	×	×	×	×
Subtraktion		×		×	×	×
Multiplikation	×	×	×	×	×	×
Division			×	×	×	×
Radizieren						×

Zwei Wege der *schrittweisen Erweiterung* der Zahlenbereiche:

$\mathbb{N} \rightarrow \mathbb{Q}^{+} \rightarrow \mathbb{Q} \rightarrow \mathbb{R} \rightarrow \mathbb{C}$
$\mathbb{N} \rightarrow \mathbb{Z} \rightarrow \mathbb{Q} \rightarrow \mathbb{R} \rightarrow \mathbb{C}$

Zwischen den Zahlenbereichen bestehen Teilmengenbeziehungen:

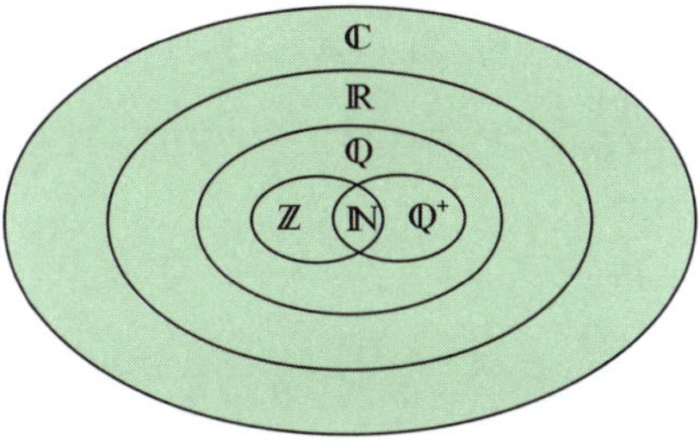

So ist z. B. $\mathbb{Q} \subset \mathbb{R}$, d. h., $\mathbb{Q}$ ist Teilbereich von $\mathbb{R}$.

1.4 Punktmengen

Punktmengen wurden bereits zur Veranschaulichung von Mengen benutzt, z. B. VENN-Diagramm (↗ S. 12 f., 16 f.), Punkte einer Strecke (↗ S. 10), Gitterpunkte eines Koordinatensystems (↗ S. 18). Die Punkte stehen dabei anstelle bestimmter oder beliebiger Elemente der jeweiligen Menge.

Der Begriff *Punkt* ist ein geometrischer Grundbegriff, ebenso wie *Gerade*, *Ebene* oder *Raum*.
Mithilfe dieses Begriffes können geometrische Objekte als Punktmengen definiert werden. Punkte sind dabei selbst die Elemente solcher Mengen.

BEISPIEL

Gegeben seien zwei Punkte A und B auf einer Geraden g. Als Strecke $\overline{AB}$ kann man die Menge aller Punkte von g auffassen, die zwischen A und B liegen.

Genau genommen muss gesagt werden, ob die Endpunkte A und B zur Strecke gehören oder nicht. Nach der obigen Erklärung gehören sie nicht dazu. Bei der Verwendung von Strecken zur Veranschaulichung von Zahlenmengen auf einer Zahlengeraden ist das bedeutsam. Daher kennzeichnet man ***Intervalle*** auf der Zahlengeraden auf verschiedene Weise.

BEISPIELE

- Die Randpunkte gehören nicht zur Menge ***(offenes Intervall)***. Kennzeichnung durch runde Klammern

$A = \{x\colon x \in R;\ -2 < x < +4\}$

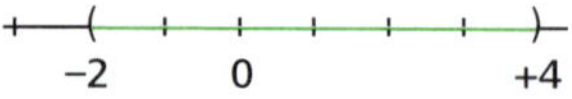

- Die Randpunkte gehören zur Menge ***(geschlossenes Intervall)***. Kennzeichnung durch eckige Klammern

$B = \{x\colon x \in R;\ -2 \leq x \leq +4\}$

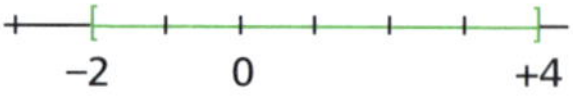

- Der linke Randpunkt gehört nicht zur Menge *(nach links offenes Intervall)*. Man spricht hierfür auch von einem *halboffenen Intervall*.

$C = \{x\colon x \in R;\ -2 < x \leq +4\}$

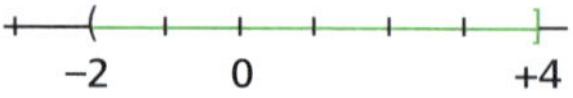

BEISPIELE

- Die *Mittelsenkrechte* einer in einer Ebene E liegenden Strecke $\overline{AB}$ ist die Menge aller Punkte P von E, die von A und B den gleichen Abstand haben.

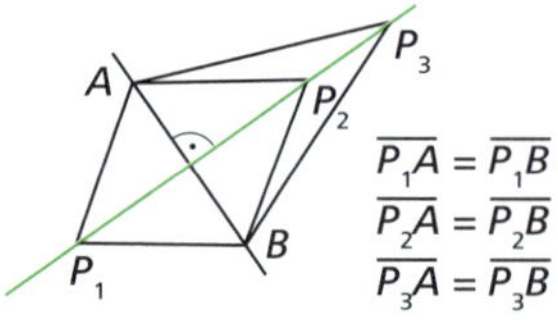

- Der Kreis (die *Kreislinie*) ist die Menge aller Punkte *P* einer Ebene, die von einem Punkt *M* dieser Ebene den gleichen Abstand haben.

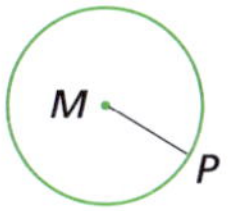

$\overline{PM} = r$

- Die *Kreisfläche* ist die Menge aller Punkte *P* einer Ebene, für die gilt $PM \leq r$. *M* ist Mittelpunkt des Kreises, *r* heißt Radius des Kreises.

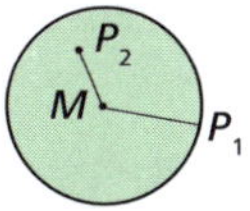

$\overline{P_1M} = r$
$\overline{P_2M} < r$

Manche geometrische Begriffe lassen sich mithilfe von Mengenoperationen oder Mengenbeziehungen erklären.

BEISPIELE

- *A* sei die Menge der Rechtecke, *B* sei die Menge der Rhomben.
  Dann ist $Q = A \cap B$ die Menge der Quadrate.

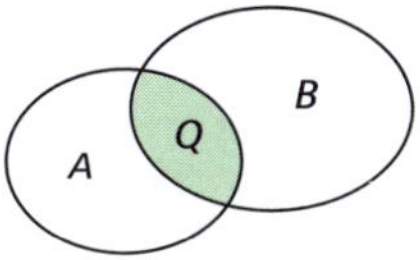

- *A* sei die Menge der Rechtecke.
  Dann ist die Menge *Q* der Quadrate eine (echte) Teilmenge von *A*, nämlich die Menge aller derjenigen Rechtecke, deren Seiten alle gleich lang sind: $Q \subset A$.

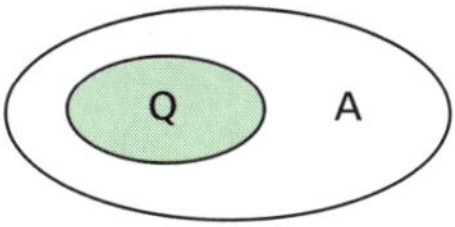

Teste dein Wissen!

Kapitel „Mengen“	**O. K. ✓**	**Das muss ich noch mal lesen**
Ich kann Beispiele für Mengen angeben.		S. 10
Ich kann Mengen auf verschiedene Weise darstellen.		S. 11, 12
Ich kann die Begriffe *echte/unechte Teilmenge*, *Unter-* und *Obermenge* sowie *Komplementärmenge* erklären.		S. 13, 14
Ich kann Beispiele für Mengen verschiedener Mächtigkeit angeben.		S. 14, 15
Ich kann Vereinigung, Differenz und Durchschnitt von Mengen erklären und mit VENN-Diagrammen veranschaulichen.		S. 15–17
Ich kann das Produkt zweier Mengen bilden und die Mächtigkeit berechnen.		S. 18
Ich kann den Begriff *Potenzmenge* erklären und ihre Mächtigkeit ermitteln.		S. 19
Ich kann Beispiele für strukturierte Zahlenmengen angeben.		S. 20, 21
Ich kann die Zahlenbereiche und ihre Teilmengenbeziehungen beschreiben.		S. 22, 23
Ich kann Punktmengen angeben.		S. 23–25

Gleichungen – Grundbegriffe

2.1 Variable

Zur Bezeichnung mathematischer Objekte verwendet man verschiedene Symbole (oder Zeichen), z. B. Ziffern, Buchstaben, Operationszeichen usw. Eine sinnvolle Aneinanderreihung derartiger Symbole nennt man ***Zeichenreihe***.
Will man in einer Zeichenreihe deutlich machen, dass an einer bestimmten Stelle ein beliebiges Element aus einem gegebenen Grundbereich stehen kann, so schreibt man an diese Stelle ein allgemeines Symbol. Meist verwendet man Buchstaben als ***Platzhalter*** für ein beliebiges Element oder setzt z. B. ein Kästchen als ***Leerfeld***, in das beliebige Elemente eingesetzt werden können. Eine so gekennzeichnete Stelle nennt man ***Variable***.

BEISPIELE

- $M = \{3\,n;\ n \in \mathbb{N}\}$, Menge aller Vielfachen von 3.
  Setzt man für n beliebige natürliche Zahlen ein, so ergibt der Ausdruck $3\,n$ stets ein Vielfaches von 3.
- Gesucht sind alle natürlichen Zahlen, für die der Ausdruck $3 \cdot \square - 1$ eine gerade Zahl wird. An die Stelle des Kästchens kann eine beliebige natürliche Zahl gesetzt werden.
  $3 \cdot 4 - 1 = 11$; ergibt keine gerade Zahl,
  $3 \cdot 5 - 1 = 14$; ergibt eine gerade Zahl usw.
- Kommutativgesetz der Addition reeller Zahlen:
  Für alle $a, b \in \mathbb{R}$ gilt: $a + b = b + a$.
- Rechteckformel $A = a \cdot b$; a, b sind Variablen für die Seitenlängen eines Rechtecks.
- $\sin^2 \alpha + \cos^2 \alpha = 1$ (↗ S. 131). Mit dem griechischen Buchstaben α bezeichnet man die Variable für Winkelgrößen.

BEACHTE Die Verwendung von Buchstaben als Bezeichnung für Variable darf nicht mit anderen Buchstabensymbolen verwechselt werden, z. B. mit Zeichen für Konstante wie π (Kreiszahl π = 3,141 …) oder für Maßeinheiten wie 2 m (2 Meter), 500 g (500 Gramm).

2.2 Term

Zahlen, Größen, Variable und sinnvolle Verknüpfungen solcher Zeichen in Rechenausdrücken heißen ***Terme***.

BEISPIELE

7; 400; $6{,}8$; a; x; $3\,\text{kg}$; $8\,\text{m}^2$

$3 + 9$; 5^3; $a - b$; -14; $3\,\text{km} - 200\,\text{m}$

$\frac{2}{5}$; $\sqrt{9}$; $(a + b)^2$; $6\,n$; $52\,\text{km}^2$

Die folgenden Zeichenreihen sind *keine* Terme:

$2, 4, 3$; $4\,a\,-$; $c + (3$

Bei der Eingabe von Zeichenreihen in einen Computer ist es z. B. wichtig, sinnvolle Zeichenreihen zu benutzen. Andere kann der Computer nicht „verstehen“ und weist sie als Fehler zurück.

2.3 Gleichung

Ein Ausdruck, in dem zwei Terme durch ein Gleichheitszeichen verknüpft sind, heißt ***Gleichung***: $T_1 = T_2$.

Treten in den Termen keine Variablen auf, so ist $T_1 = T_2$ eine ***Aussage***. Das heißt, es lässt sich feststellen, ob eine wahre Aussage vorliegt:

BEISPIELE

- $3 + 9 = 12$ *wahre Aussage*
- $3 + 9 = 13$ *falsche Aussage*

Tritt in der Gleichung wenigstens eine Variable auf, so ist $T_1 = T_2$ eine ***Aussageform***. Man kann *nicht* feststellen, ob eine wahre Aussage vorliegt.

BEISPIELE

- $3 + x = 12$; $x \in \mathbb{N}$
- $a - b = 100$; $a, b \in \mathbb{R}$

Für die Variablen muss der ***Grundbereich*** bekannt sein. Setzt man für die Variablen Elemente des Grundbereiches ein, so wird aus der Aussageform eine Aussage.

$3 + \mathit{10} = 12$	falsche Aussage
$\mathit{714} - \mathit{614} = 100$	wahre Aussage

2.4 Lösen von Gleichungen

Grundbegriffe

Ist eine Gleichung mit Variablen gegeben, so ist es in der Regel von Interesse, welche Elemente des Variablengrundbereiches die Gleichung in eine wahre Aussage überführen. Das Bestimmen dieser zunächst unbekannten Zahlen heißt ***Lösen der Gleichung***. Solche Gleichungen nennt man auch ***Bestimmungsgleichungen***, die Variablen auch ***Unbekannte***.
Die Zahlen eines Grundbereiches ***(Lösungsgrundmenge)***, die eine Bestimmungsgleichung in eine wahre Aussage überführen, heißen ***Lösungen der Gleichung***. Man sagt, die Lösungen erfüllen die Gleichung. Die Gesamtheit aller Lösungen heißt ***Lösungsmenge***.

BEISPIELE

- $3x + 2 = 17$ Bestimmungsgleichung
  x Unbekannte
  $\mathbb{N}$ Lösungsgrundmenge
  Lösen dieser Gleichung: Bestimmen derjenigen natürlichen Zahl(en), deren Dreifaches, vermehrt um 2, die Zahl 17 ergibt. Das ist für $x = 5$ der Fall. 5 ist Lösung der Gleichung. Es gibt keine weitere Zahl, die die Gleichung erfüllt.
  Die Lösungsmenge hat ein Element: $L = \{5\}$.
- $x + y = 20;\ x, y \in \mathbb{N}$
  Als Lösungen treten Zahlenpaare auf, z. B. (3; 17) oder (12; 8). Die Lösungsmenge hat mehrere Elemente.
  $L = \{(0; 20), (1; 19), (2; 18), \ldots, (19; 1), (20; 0)\}$
- $x^2 - 5x + 6 = 0;\ x \in \mathbb{R}$
  Die Zahlen 2 und 3 erfüllen die Gleichung, denn es gilt sowohl $2^2 - 5 \cdot 2 + 6 = 0$ als auch $3^2 - 5 \cdot 3 + 6 = 0$.
  Die Lösungsmenge hat zwei Elemente: $L = \{2; 3\}$.

Äquivalenz von Gleichungen

Gleichungen, die die gleiche Lösungsmenge besitzen, heißen ***zueinander äquivalente*** Gleichungen.

BEISPIELE

- $4a - 15 = 9;\quad a \in \mathbb{N};\quad L = \{6\}$
- $9m = 36 + 3m;\quad m \in \mathbb{N};\quad L = \{6\}$

Gleichungen kann man durch (systematisches) Probieren oder durch Überlegungen zur Struktur ihrer Terme lösen.
Bei einfacher Struktur kann man die Lösungen direkt ablesen.

BEISPIEL $x = 25$; Lösung: 25 (Denn $25 = 25$ ist eine wahre Aussage.)

Häufig sind aber die Gleichungen so beschaffen, dass die Lösungen nicht ohne weiteres zu finden sind. Das Ziel beim Lösen von Gleichungen besteht deshalb darin, sie schrittweise so umzuformen, dass die Struktur immer einfacher wird. Dabei darf sich die Lösungsmenge nicht ändern.

Für alle Gleichungen gibt es ***Umformungsregeln***, bei deren Anwendung man stets wieder äquivalente Gleichungen erhält (***äquivalente Umformungen***).

Ist eine Gleichung gegeben, so darf man

(1) beide Seiten vertauschen,

$$7 = 4x + 15$$
$$4x + 15 = 7$$

(2) auf beiden Seiten die gleiche Zahl (bzw. den gleichen Term) addieren oder subtrahieren,

$$4x + 15 = 9 \qquad | -9$$
$$4x + 15 - 9 = 9 - 9$$
$$4x + 6 = 0$$

(3) auf beiden Seiten mit der gleichen Zahl $a \neq 0$ multiplizieren bzw. durch sie dividieren.

$$4x = -6 \qquad | : 2$$
$$2x = -3$$

TIPP Eine Gleichung kann man sich als Waage vorstellen, die im Gleichgewicht bleiben soll. Auf *beiden Seiten* ist stets *dieselbe Operation* auszuführen. Sonst gerät die Waage aus dem Gleichgewicht!

Beim Lösen versucht man, unter Anwendung der Umformungsregeln in möglichst wenigen Schritten die Struktur einer Gleichung zu vereinfachen. In welcher Reihenfolge man einzelne Umformungen vornimmt, hängt von der Struktur der Gleichung ab (↗ S. 57).

Für einige Gleichungstypen (z. B. quadratische Gleichungen, ↗ S. 81 ff.) gibt es ***Lösungsformeln***. Sie wurden mithilfe der Umformungsregeln für einen allgemeinen Fall entwickelt und ersparen das schrittweise Vereinfachen der Gleichungen. Sie sind z. B. auch Grundlage für ***Lösungsalgorithmen***, nach denen intern in Computern Lösungen von Gleichungen ermittelt werden.

Die Probe

Wendet man Umformungsregeln oder spezielle Lösungsformeln fehlerfrei an, so erhält man auch (alle) richtige(n) Lösungen. Um Fehler aufzudecken, sollte beim Lösen von Gleichungen jedoch stets eine ***Probe*** durchgeführt werden.
Dazu setzt man die gefundenen Lösungen in die *Ausgangsgleichung* ein und berechnet die Terme auf beiden Seiten der Gleichung getrennt.

FEHLERQUELLE Wende bei der Probe keine Umformungsregeln an! Bei richtigen Lösungen ergeben beide Terme den gleichen Wert.

BEISPIEL Für die Gleichung $3x + 17 = 2(5 + 2x)$ wurde die Lösung $x = 7$ ermittelt.

Probe:	linke Seite	$3 \cdot 7 + 17 = 38$
	rechte Seite	$2(5 + 2 \cdot 7) = 38$
	Vergleich:	$38 = 38$

2.5 Gleichungstypen

Unterscheidung nach der Struktur

Algebraische Gleichungen

Zu den ***algebraischen Gleichungen*** gehören alle Gleichungen der Form

$$a_n x^n + a_{n-1} x^{n-1} + \ldots + a_0 = 0; \quad a \in \mathbb{R}$$

bzw. alle, die in diese Form gebracht werden können. Nach der höchsten Potenz, in der die Variable auftritt, unterscheidet man Gleichungen

- 1. Grades oder lineare Gleichungen (↗ S. 57),
  $3x - 24 = 0$;
- 2. Grades oder quadratische Gleichungen (↗ S. 81),
  $2x^2 + 7x - 50 = 0$;
  ⋮
- n-ten Grades.

Transzendente Gleichungen

Zu den ***transzendenten Gleichungen*** gehören

- Exponentialgleichungen (↗ S. 108 f.),
  $5^x - 125 = 0$;
- Logarithmische Gleichungen (↗ S. 112),
  $\log_2 x - 5 = 0$;
- Goniometrische Gleichungen (↗ S. 117 ff, 144 ff.),
  $\sin x - 0{,}5 = 0$.

Unterscheidung nach der Anzahl der Variablen

Gleichungen mit einer Variablen: $7x^2 - 63 = 0$
Gleichungen mit zwei Variablen: $y = 2x - 3$
⋮
Gleichungen mit n Variablen

Systeme

Werden mehrere Gleichungen zusammengefasst und sucht man nach denjenigen Elementen, die zugleich alle diese Gleichungen erfüllen, so spricht man von einem ***Gleichungssystem***.

Lineare Gleichungssysteme bestehen aus linearen Gleichungen (↗ S. 58).

BEISPIELE

- $\begin{vmatrix} x + y = 7 \\ 8x - 5y = 4 \end{vmatrix}$ Linerares Gleichungssystem mit 2 Variablen

- $\begin{vmatrix} 2x + y + z = 12 \\ 3x - y + 2z = 13 \\ 5x + 2y - z = 11 \end{vmatrix}$ Linerares Gleichungssystem mit 3 Variablen

2.6 Ungleichungen

> Ein Ausdruck, in dem zwei Terme durch ein Ungleichheitszeichen miteinander verbunden sind, heißt ***Ungleichung***
> $T_1 < T_2$ oder $T_3 > T_4$.

Treten in den Termen keine Variablen auf, so sind $T_1 < T_2$ bzw. $T_3 > T_4$ ***Aussagen*** (↗ S. 28).

BEISPIELE

- $3 + 9 < 20$ wahre Aussage
- $3 + 9 < 12$ falsche Aussage
- $3 + 9 > 10$ wahre Aussage
- $3 + 9 > 20$ falsche Aussage

Tritt in einer Ungleichung wenigstens eine Variable auf, so liegt eine ***Aussageform*** (↗ S. 29) vor.

BEISPIELE

- $3 + x < 20;\quad x \in \mathbb{N}$
- $a > b + 7;\quad a, b \in \mathbb{N}$

Setzt man für die Variablen Elemente des jeweils gegebenen Grundbereiches ein, so erhält man eine Aussage.

BEISPIELE

- $3 + 8 < 20$ wahre Aussage
- $5 > 2 + 7$ falsche Aussage

Das Bestimmen derjenigen Elemente, die eine gegebene Ungleichung mit Variablen in eine wahre Aussage überführen, heißt ***Lösen der Ungleichung*** (↗ S. 64 f.).

BEISPIELE

- $3 + x < 20;\quad x \in \mathbb{N}$

  Gesucht sind alle natürlichen Zahlen, die, vermehrt um 3, kleiner sind als 20. Das trifft für alle natürlichen Zahlen zu, die kleiner sind als 17.

  $L = \{0; 1; 2; 3; \ldots; 16\}$ oder $L = \{x; x \in \mathbb{N}; x < 17\}$
- $\mathrm{a} > \mathrm{b} + 7;\quad a, b \in \mathbb{N}$

  Es gibt unbegrenzt viele geordnete Zahlenpaare $(a; b)$, die diese Ungleichung erfüllen, z. B. (10; 2), (15; 5), (200; 100) usw.

Teste dein Wissen!

Kapitel „Gleichungen – Grundbegriffe“	O. K. ✓	Das muss ich noch mal lesen
Ich kann Beispiele für Terme nennen und dabei Zeichen für bestimmte Elemente und Variablen unterscheiden.		S. 27, 28
Ich kann Beispiele für Gleichungen angeben, die (wahre bzw. falsche) Aussagen sind oder Aussageformen.		S. 28, 29
Ich kann erklären, was unter *Lösen einer Gleichung*, einer *Lösung* und der *Lösungsmenge* zu verstehen ist.		S. 29, 30
Ich kann die Umformungsregeln für Gleichungen beschreiben.		S. 30–32
Ich kann verschiedene Gleichungstypen beschreiben und Beispiele angeben.		S. 32, 33
Ich kann den Begriff *Ungleichung* erklären und Beispiele angeben.		S. 33, 34

3 Funktionen

3.1 Abbildungen

Einer mathematischen ***Abbildung*** liegt eine ***Zuordnung*** von Elementen einer oder mehrerer Mengen zugrunde.
Den Elementen einer Menge werden Elemente einer anderen (oder derselben) Menge nach einer ***Vorschrift*** zugeordnet.

Man sagt: Die Menge O ***(Originalmenge)*** wird auf die Menge B ***(Bildmenge)*** abgebildet: in Zeichen: $O \rightarrow B$.

Jede Abbildung kann auch umgekehrt werden: $B \rightarrow O$.

Abbildungen können ***eindeutig*** oder ***nicht eindeutig*** sein. Sind eine Abbildung und auch ihre Umkehrung eindeutig, so nennt man sie ***umkehrbar eindeutig*** oder ***eineindeutig***.

BEISPIEL aus dem Alltag:
Jede(r) Schüler(in) einer Klasse hat einen Rufnamen. Die Abbildung ist eindeutig.
Umgekehrt muss nicht zu jedem in der Klasse auftretenden Rufnamen genau ein(e) Schüler(in) gehören. Es können auch einige Schüler(innen) den gleichen Rufnamen haben. Die Umkehrabbildung ist dann nicht eindeutig.

BEISPIELE aus der Mathematik:
- Jeder rationalen Zahl wird genau ein Punkt der Zahlengeraden zugeordnet. Diese Abbildung ist eindeutig.
- Jeder natürlichen Zahl n werden ihre Teiler zugeordnet. Diese Abbildung ist nicht eindeutig.
- Jede natürliche Zahl n hat genau einen Nachfolger $n + 1$. Diese Abbildung ist umkehrbar eindeutig.

3.2 Funktionen

Funktionen sind spezielle Abbildungen.

Eine ***Funktion*** *f* ist eine eindeutige Abbildung einer Menge *D* auf eine Menge *W*. Man nennt

- *D* den ***Definitionsbereich*** (Menge der ***Argumente***);
- *W* den ***Wertebereich*** (Menge der ***Funktionswerte***);
- *x* heißt ***unabhängige Variable*** oder ***Argument***;
- *x* ist ein Element des Definitionsbereichs.
- *y* heißt ***abhängige Variable*** oder ***Funktionswert***;
- *y* ist ein Element des Wertebereichs.

3

BEISPIELE

- $y = 3\,x$ Jeder Zahl *x* wird ihr Dreifaches zugeordnet.
- $y = |x|$ Jeder Zahl *x* wird ihr Betrag zugeordnet.

In Anwendungen werden in der Regel die im Anwendungsbereich üblichen Bezeichnungen verwendet:

- $u = 4\,a$ Jeder Seitenlänge *a* eines Quadrates wird der Umfang *u* zugeordnet.
- $A = \pi\, r^2$ Jedem Radius *r* wird der Kreisinhalt *A* zugeordnet.

Zur allgemeinen Bezeichnung von Funktionen werden in verschiedenen Lehr- und Fachbüchern oder Tafeln unterschiedliche Symbole verwendet.

Symbol	Bedeutung
f	Funktion; häufig auch nur die Vorschrift, nach der *D* auf *W* abgebildet wird.
$f(x)$	Bild von *x*; Element, das dem Argument *x* nach der Vorschrift *f* eindeutig zugeordnet wird.
$y = f(x)$	***Funktionsgleichung***; sie besagt, dass jedes Element *x* aus *D* mittels der Vorschrift *f* auf ein Element *y* aus *W* eindeutig abgebildet wird.
$f\colon x \rightarrow f(x)$	Vorschrift *f*, nach der jedem Element *x* aus *D* eindeutig ein Bild *f*(*x*) zugeordnet wird.

3.3 Anwendungen von Funktionen

In der Mathematik werden Funktionen zur Beschreibung spezieller Mengen verwendet.
Als eindeutige Abbildung einer Menge D auf eine Menge W ist eine Funktion eine Menge geordneter Paare, eine Teilmenge der Kreuzmenge $D \times W$ (↗ S. 18).

Funktionen können als *Vorschrift für die Durchführung bestimmter Operationen* verwendet werden.
$f: x \rightarrow f(x)$, f ist die Vorschrift, nach der jedem Element eines festgelegten Definitionsbereiches eindeutig, also *genau ein* Element des Wertebereiches zugeordnet wird.
Man denkt sich eine Funktion f als „*Maschine*“, die eine gegebene Information (Argument) nach einer bestimmten Vorschrift „verarbeitet“ und das Ergebnis (Funktionswert) auswirft.

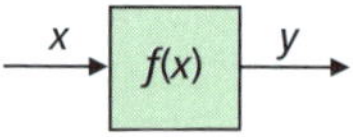

BEISPIEL $y = 2x - 1$, $D = \mathbb{N}$

Man gibt natürliche Zahlen x in eine Maschine ein (*Input*). Die Maschine (*Computer!*) hat die Vorschrift als Algorithmus gespeichert: Jede eingegebene Zahl x ist zu verdoppeln und dann um 1 zu vermindern, $x \rightarrow 2x - 1$.
Als Ergebnis wirft die Maschine jeweils ungerade Zahlen $2x - 1$ aus (*Output*).

BEISPIELE Berechnungsformeln sind Beispiele für diese Anwendung von Funktionen:

- $V = \frac{4}{3}\pi \cdot r^3$

  Für jede Kugel lässt sich gemäß dieser Vorschrift/Funktion/Formel nach (ein-)gegebenem r das Volumen V errechnen.

- $A_D = \frac{g \cdot h}{2}$

  Der Flächeninhalt eines Dreiecks ist eine Funktion der zwei Variablen g und h.
  Aus (ein-)gegebenen g und h lässt sich A_D berechnen.

Funktionen werden zur Beschreibung eines *Verlaufs*, eines *Vorgangs*, einer *Veränderung* oder einer *Bewegung* verwendet.

BEISPIEL Ein Temperaturschreiber hat an einem bestimmten Ort im Verlaufe von 24 Stunden die Temperaturen aufgezeichnet. Jedem Zeitpunkt t ist eindeutig eine Temperatur T zugeordnet. Es liegt also eine Funktion $T = f(t)$ vor.

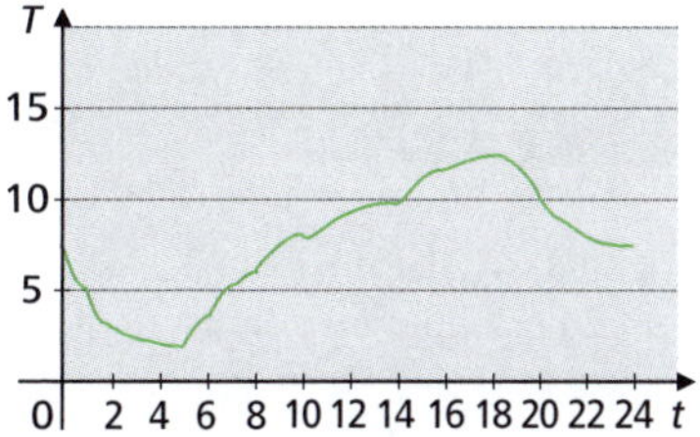

Die Temperatur T ist allerdings nicht ursächlich von dem Zeitpunkt t abhängig. Vielmehr hängt die Temperatur direkt von der Wärmestrahlung der Sonne, von der Bewegung von Luftschichten, der Luftfeuchtigkeit und anderen Faktoren ab. $f(t)$ ist deshalb in diesem Beispiel keine Berechnungsvorschrift. $T = f(t)$ beschreibt jedoch eindeutig einen Verlauf.

Bedeutsam sind Funktionen beispielsweise für die Beschreibung physikalischer Vorgänge oder Zusammenhänge (physikalische Formeln).

BEISPIELE

- $s = v_0 \cdot t$ Weg-Zeit-Gesetz, v_0 konstant
- $U = I \cdot R$ Ohm'sches Gesetz

In der grafischen Darstellung von Funktionen (mit einer Variablen) erscheint die Funktion meist als Bahnkurve eines Punktes ***(Funktionskurve)***. Man spricht auch vom ***Kurvenverlauf***.

BEISPIEL Verlauf einer Schwingungskurve

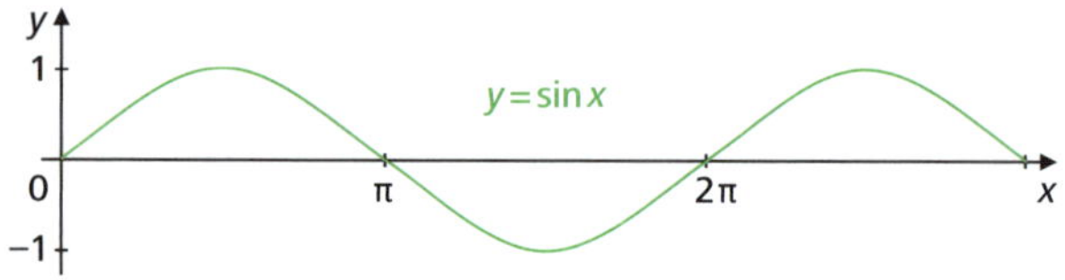

3.4 Darstellung von Funktionen

Die allgemeinste Darstellung ist die Angabe der Abbildungsvorschrift $f(x)$ (meist als Funktionsgleichung) und des Definitionsbereiches D (als Menge). Häufig wird eine ***Wertetafel*** aufgestellt (andere Form für das Aufschreiben geordneter Paare), um den ***Graphen*** einer Funktion zu ermitteln.
Grundlage für eine grafische Darstellung ist ein ***Koordinatensystem***:

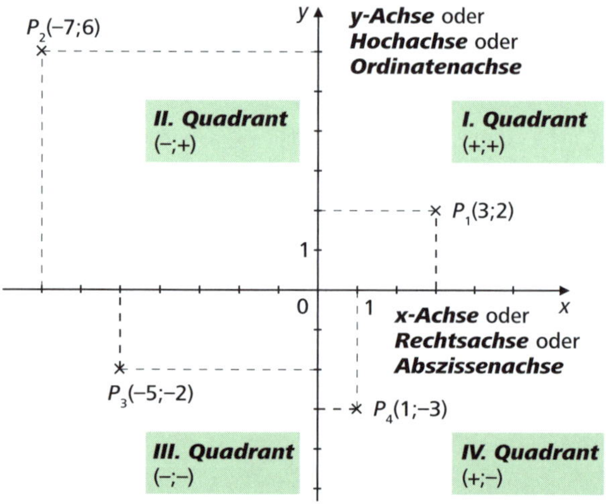

Der Punkt (0; 0) ist der Koordinatenursprung und wird auch mit „O" bezeichnet (O für engl. origin, Ursprung). Jeder Punkt wird durch ein geordnetes Paar von Zahlen, die ***Koordinaten***, beschrieben.

$P_1\,(3;\,2)$

x-Wert, ***Abszisse*** ↗ ↖ y-Wert, ***Ordinate***

Um eine Funktion in einem Koordinatensystem darstellen zu können, benötigt man eine Wertetafel. Ist die Funktion durch eine Funktionsgleichung gegeben, so setzt man für x Zahlen aus dem Definitionsbereich in die Gleichung ein und berechnet die zugehörigen Funktionswerte.

BEISPIEL

$y = \frac{x}{2} + 3$

Für $x = 1$ ergibt sich $y = \frac{1}{2} + 3$ bzw. $y = 3{,}5$;

für $x = -4$ ergibt sich $y = \frac{-4}{2} + 3$ bzw. $y = 1$ usw.

Wertetafel:

x	− 4	− 3	− 2	−1	0	1	2	3	4
y	1	1,5	2	2,5	3	3,5	4	4,5	5

Die geordneten Paare der Wertetafel fasst man als Koordinaten von Punkten auf und trägt diese in das Koordinatensystem ein. Wie viele Punkte man benötigt, hängt von der Funktion ab.

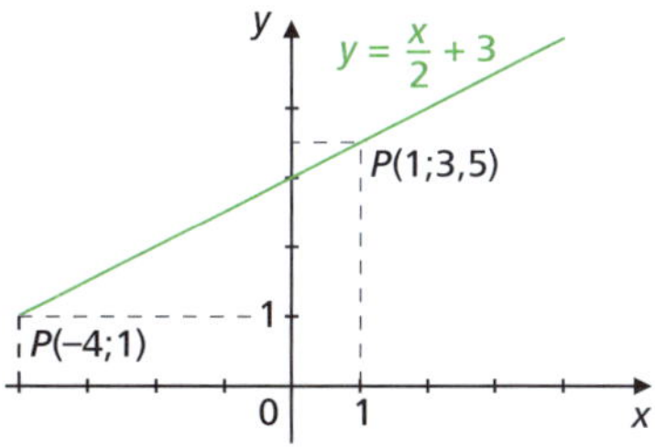

Die Kurve, auf der die Punkte liegen, heißt:
- ***grafische Darstellung der Funktion***,
- ***Graph der Funktion***,
- ***Bild der Funktion*** oder
- ***Funktionskurve***.

Im obigen Beispiel ist die Funktionskurve eine Gerade. Beschreibt man den Verlauf der Funktionskurve, so sagt man vereinfacht häufig nur z. B.:
- Die Funktion verläuft durch den Punkt …
- Die Funktion schneidet die y-Achse im Punkt …

3.5 Eigenschaften von Funktionen

Nullstellen

> Als ***Nullstellen*** einer Funktion f bezeichnet man die Zahlen x_0 aus D, die auf die Zahl 0 abgebildet werden.

Im Graphen erscheint eine Nullstelle als Abszisse (x-Wert) eines Schnittpunktes der Funktionskurve mit der Abszissenachse (x-Achse).

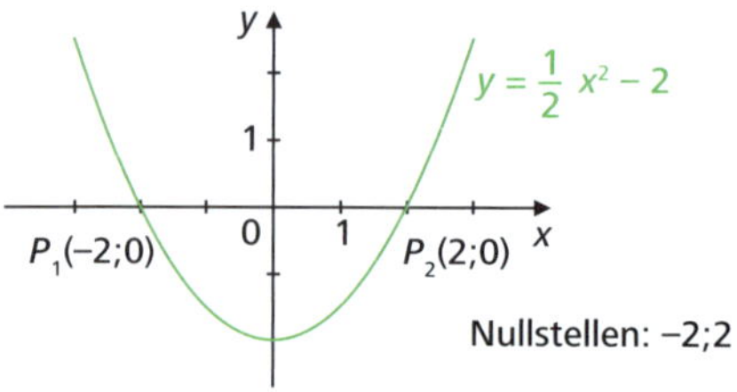

Monotonie

Man betrachtet die Veränderung der Funktionswerte bei steigenden x-Werten:

Eine Funktion f heißt in einem Intervall I von D
monoton wachsend bzw. ***monoton fallend,***

wenn gilt: aus $x_1 < x_2$ ($x_1, x_2 \in I$) folgt
$f(x_1) \leq f(x_2)$ bzw. $f(x_1) \geq f(x_2)$.

BEISPIELE

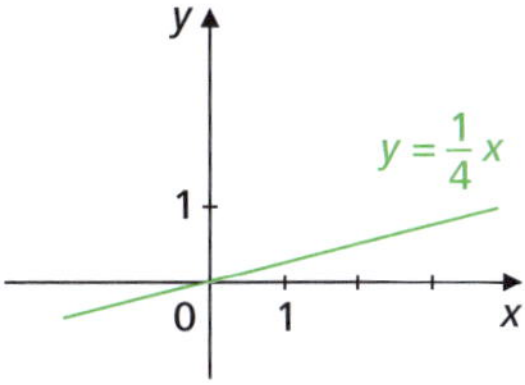

monoton wachsend

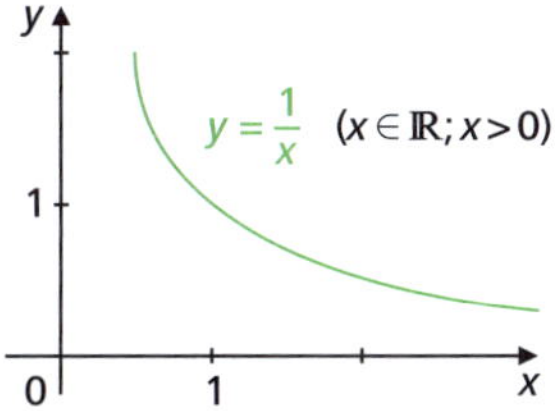

monoton fallend

Beschränktheit

Eine Funktion f heißt
nach oben beschränkt bzw. ***nach unten beschränkt,***

wenn es eine Zahl k gibt und für alle Funktionswerte gilt
$f(x) \leq k$ bzw. $f(x) \geq k$.

BEISPIELE

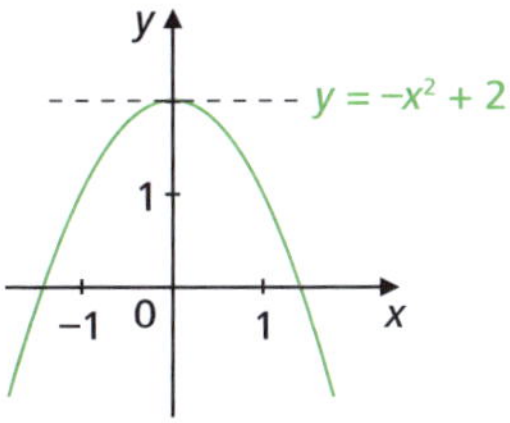

nach oben beschränkt

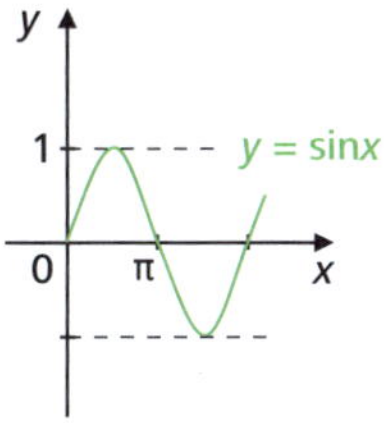

nach oben und unten beschränkt

Symmetrie

Eine Funktion f heißt ***achsensymmetrisch*** zur y-Achse oder ***gerade***	bzw.	***zentralsymmetrisch*** zum Koordinatenursprung oder ***ungerade***,
wenn für alle $x \in D$ gilt:		
$f(-x) = f(x)$	bzw.	$f(-x) = -f(x)$.

BEISPIELE

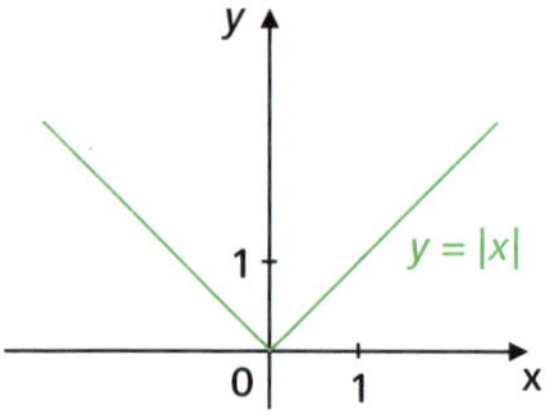

achsensymmetrisch (gerade)

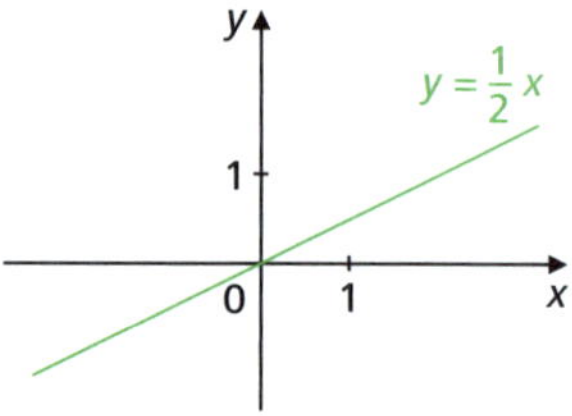

zentralsymmetrisch (ungerade)

Extremwerte

> Eine Funktion f hat an einer Stelle $x_E \in D$ ein
> ***globales Maximum*** bzw. ***globales Minimum***,
>
> wenn für alle $x \in D$ $(x \neq x_E)$ gilt:
>
> $f(x) < f(x_E)$ bzw. $f(x) > f(x_E)$.

Gilt dies nur für x aus einer begrenzten Umgebung von x_E, einer ε-Umgebung $(x_E - \varepsilon < x < x_E + \varepsilon)$, so hat f an der Stelle x_E ein

lokales Maximum bzw. *lokales Minimum*.

BEISPIELE

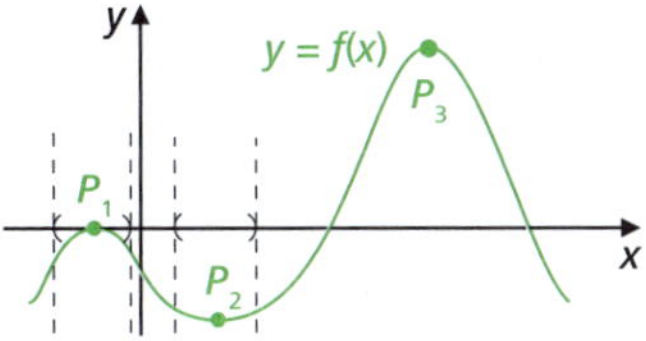

P_1 lokales Maximum
P_2 lokales Minimum
P_3 globales Maximum

Umkehrbarkeit

Eine Funktion f ist eine eindeutige Abbildung $D \rightarrow W$. Die Umkehrabbildung $W \rightarrow D$ kann ebenfalls eindeutig sein. Dann liegt wiederum eine Funktion vor.

> Eine Funktion f heißt ***umkehrbar***, wenn sie eine eineindeutige Abbildung ist.
>
> Die ***Umkehrfunktion*** zu f bezeichnet man mit f^{-1}.
> f und f^{-1} nennt man ***zueinander inverse Funktionen***.

Zu einer gegebenen Funktion f erhält man die inverse Funktion f^{-1}, indem man D und W vertauscht, in den geordneten Paaren also x und y. Die Zuordnungsvorschrift für f^{-1} erhält man, indem man die Funktionsgleichung $y = f(x)$ nach x auflöst:
$x = f^{-1}(y)$.

BEISPIEL

Gegeben sei die Funktion f: $y = \frac{x}{2} + 2$. Man löst die Gleichung nach x auf.
Dann ist $x = 2y - 4$ die Zuordnungsvorschrift für f^{-1}.

Zur grafischen Darstellung im Koordinatensystem kehrt man jedoch zur üblichen Bezeichnung (x bezeichnet die unabhängige Variable, y die abhängige Variable) durch Variablentausch zurück:
$y = 2x - 4$.
Dann erscheinen f und f^{-1} als Spiegelbilder zur Winkelhalbierenden des I. und III. Quadranten (also zum Bild der Funktion $y = x$).

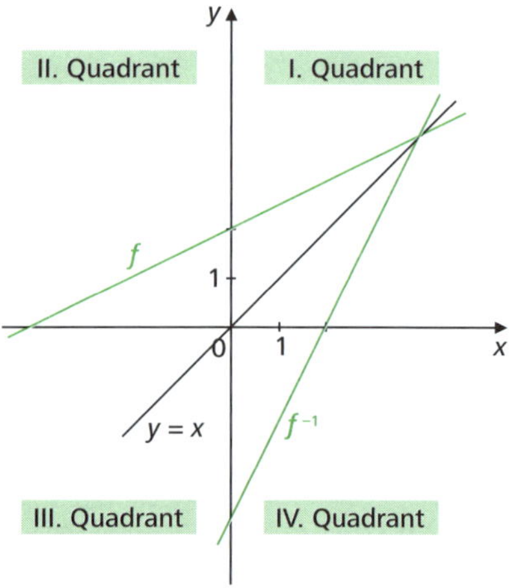

Teste dein Wissen!

Kapitel „Funktionen“	O. K. ✓	Das muss ich noch mal lesen
Ich kann den Begriff *Abbildung* erklären und Beispiele dafür nennen.		S. 36
Ich kann den Funktionsbegriff definieren und die zugehörigen Begriffe erläutern.		S. 37
Ich kann geordnete Zahlenpaare im Koordinatensystem darstellen.		S. 40, 41
Ich kann mithilfe einer Wertetafel eine Funktion grafisch darstellen.		S. 41, 42
Ich kann Eigenschaften einer Funktion beschreiben und Beispiele dafür angeben.		S. 42–46

4 Lineare Funktionen

4.1 Begriff

Eine Funktion mit einer Gleichung
$y = m\,x + n;\ x \in \mathbb{R};\ m, n$ Konstante
heißt ***lineare Funktion***.

Die allgemeine Bezeichnung einer linearen Funktion kann in unterschiedlicher Weise erfolgen. So findet man
$y = m\,x + b$
$f(x) = a\,x + b$
$f(x) = a_1\,x + a_0$ u. a.

Entscheidend ist, dass die unabhängige Variable x (das Argument) in der Funktionsgleichung *nur in der ersten Potenz* auftritt. In konkreten Beispielen werden die im jeweiligen Anwendungsbereich (z. B. Physik) üblichen Bezeichnungen für die Variablen genutzt.

BEISPIELE

- $y = 3\,x - 2$
  Elemente dieser Funktion sind u. a. die geordneten Paare $(-2, -8), (-1, -5), (0, -2), (1, 1), (2, 4)$.
- $u = \pi \cdot d$ Kreisdurchmesser $d \in \mathbb{R}, d > 0$
  konstante Kreiszahl $\pi = 3{,}14\ldots$
  Kreisumfang u
- $v = v_0 + a \cdot t$ Zeit $t \in \mathbb{R}, t \geq 0$
  konstante Anfangsgeschwindigkeit v_0
  konstante Beschleunigung a

  Mit dieser Gleichung lässt sich z. B. berechnen, welche Geschwindigkeit v ein Auto nach einer bestimmten Zeit t

erreicht, wenn es aus einer Anfangsgeschwindigkeit v_0 gleichmäßig beschleunigt wird.

4.2 Eigenschaften spezieller linearer Funktionen

Die Funktion *y* = *x*

Die Funktion $y = x$ ist die einfachste lineare Funktion. Ihre Elemente sind alle geordneten Paare der Form (a, a), $a \in \mathbb{R}$.

Grafische Darstellung

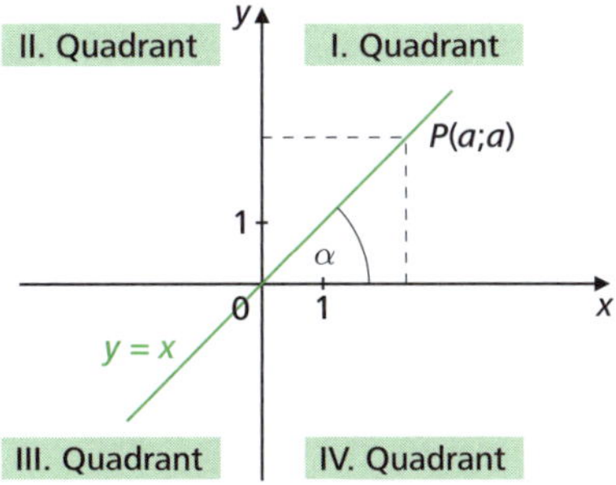

Aus der grafischen Darstellung sind folgende *Eigenschaften der Funktion* $y = x$ ablesbar:

- $y = x$ schneidet die x-Achse im Punkt (0; 0).
  0 ist Nullstelle der Funktion.
- $y = x$ ist monoton wachsend.
- Die Darstellung der Funktion $y = x$ im rechtwinkligen Koordinatensystem ist eine Gerade. Diese Gerade ist die Winkelhalbierende des Winkels zwischen der x-Achse und der y-Achse.
- Der ***Anstiegswinkel*** α zwischen der Geraden und der x-Achse beträgt 45°.
- $y = x$ ist zu sich selbst invers.

4

Die Funktion $y = m\,x$

Die Funktion $y = m\,x$ beschreibt eine ***(direkte) Proportionalität*** $y \sim x$. m ist eine Konstante ***(Proportionalitätsfaktor)***.

BEISPIELE

- $y = 2\,x$
- $s = v \cdot t$ Bei einer gleichförmigen Bewegung mit der konstanten Geschwindigkeit v ist der zurückgelegte Weg s proportional zur abgelaufenen Zeit t.

Das Bild der Funktion $y = m\,x$ ist eine Gerade, die durch den Koordinatenursprung 0 verläuft. m bestimmt die ***Steigung*** der Geraden. m heißt deshalb ***Anstieg*** oder ***Richtungsfaktor***. Es gilt $m = \tan \alpha$ (↗ S. 127).

BEISPIEL

$y = 3\,x$ $(m = 3)$

Ein Punkt der Geraden ist 0. Von 0 aus geht man um eine Einheit nach rechts und um 3 Einheiten ($m = 3$) nach oben. So erhält man einen zweiten Punkt P (1; 3) der Geraden. Das Dreieck OAP heißt ***Anstiegsdreieck***.

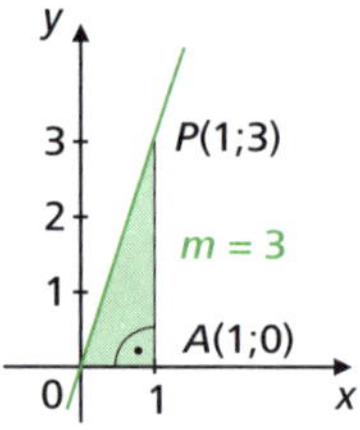

Die nebenstehende Abbildung zeigt den Einfluss von m auf die Lage der Geraden $y = m\,x$ im Koordinatensystem. Der Faktor m bewirkt gegenüber der Funktion $y = x$ eine Streckung ($m > 0$) bzw. Stauchung ($m < 0$) der Ordinaten.

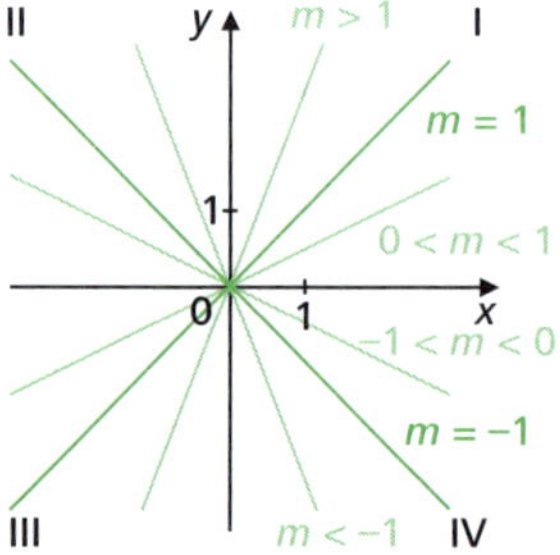

Die Funktion $y = x + n$

Die Funktion $y = x + n$ enthält ein von Variablen freies Glied n ***(absolutes Glied)***. In der grafischen Darstellung bewirkt dies eine Verschiebung der Geraden $y = x$ um n in Richtung der y-Achse. n nennt man ***y-Achsen-Abschnitt***.

BEISPIELE

- $y = x + 2 \quad (n = 2)$
  Man erhält das Bild der Funktion $y = x + 2$, indem man die Gerade $y = x$ um $n = 2$ in Richtung der y-Achse verschiebt.

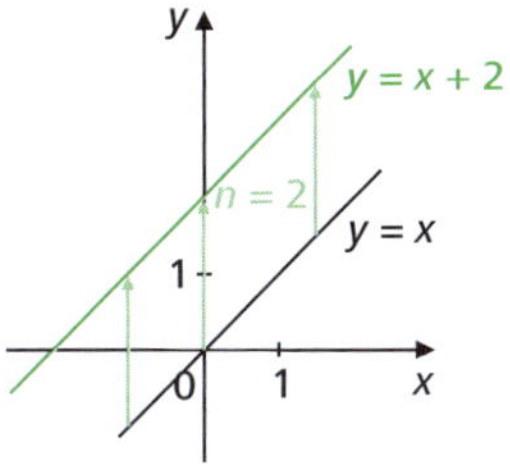

- $y = x - 3 \quad (n = -3)$
  Ist $n = -3$, so erscheint die Gerade $y = x$ um den Betrag von n, $|n| = 3$, nach unten verschoben.

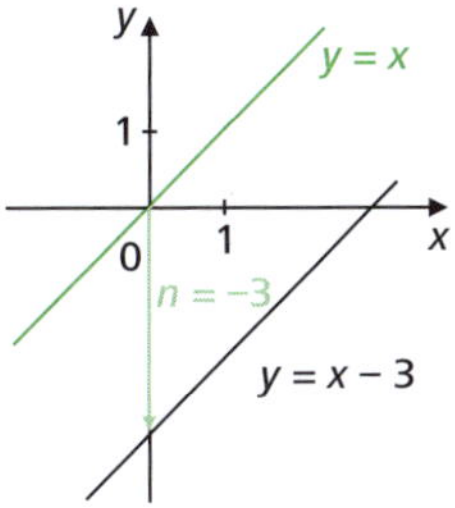

REGEL Allgemein gilt:

$n > 0$ Die Gerade $y = x$ erscheint um n nach oben verschoben. Sie schneidet die y-Achse im Punkt $P\,(0; n)$.

$n = 0$ Spezialfall $y = x$

$n < 0$ Die Gerade $y = x$ erscheint um $|n|$ nach unten verschoben. Sie schneidet die y-Achse im Punkt $P\,(0; n)$.

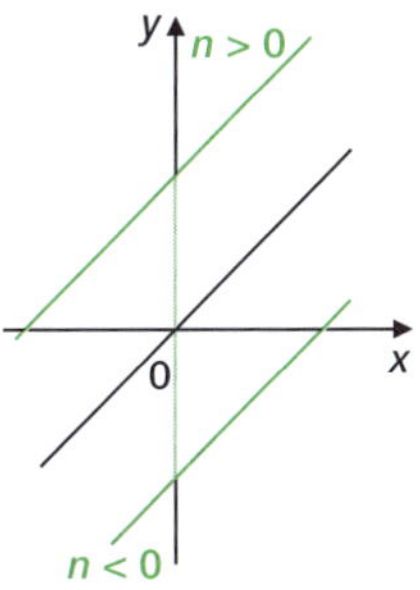

4

Die Funktion $y = m\,x + n$

Das Bild der Funktion $y = m\,x + n$ ist eine Gerade. Um lineare Funktionen grafisch darzustellen, gibt es mehrere Möglichkeiten.

BEISPIEL

$y = 2\,x - 6$

1. Man ermittelt 2 Wertepaare der Funktion. Durch 2 Punkte ist die Gerade eindeutig bestimmt. Die Punkte sollten nicht zu nahe beieinander liegen, z. B. $P_1\,(-2; -10)$, $P_2\,(2; -2)$.
2. Man ermittelt die Schnittpunkte mit den Koordinatenachsen. Aus $n = -6$ ergibt sich der Schnittpunkt mit der y-Achse: $P\,(0; -6)$. Durch Berechnen der Nullstelle ergibt sich der Schnittpunkt mit der x-Achse: $P_0\,(3; 0)$:

$$\begin{aligned} y &= 2\,x - 6 \\ 2\,x_0 - 6 &= 0 \\ x_0 &= 3 \end{aligned}$$

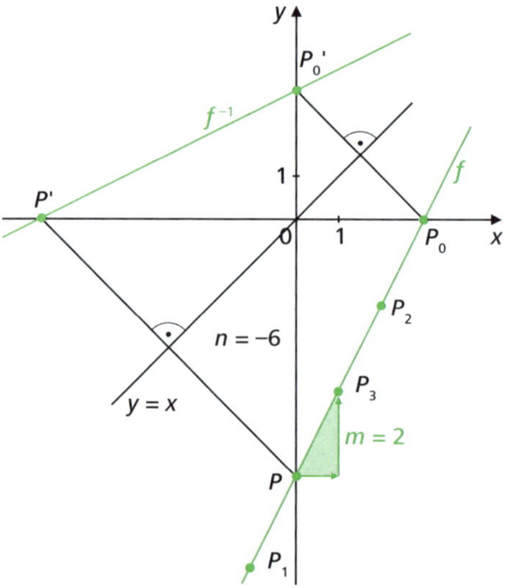

3. Aus $n = -6$ ergibt sich $P\,(0; -6)$. Mithilfe von $m = 2$ erhält man einen zweiten Punkt $P_3\,(1; -4)$: von P aus 1 Einheit nach rechts und 2 nach oben.

Das Bild der Umkehrfunktion erhält man durch Spiegelung der Ausgangsfunktion an der Geraden $y = x$. Das entspricht dem Vertauschen der Punktekoordinaten:
$P\,(0; -6) \rightarrow P'(-6; 0)$;
$P_0\,(3; 0) \rightarrow P_0'(0; 3)$.

4.3 Konstante Funktionen

> Wird jedem Element x eines gegebenen Definitionsbereiches das eine Element c zugeordnet, so spricht man von einer ***konstanten Funktion***.

$y = c$ ist die Gleichung einer konstanten Funktion. Der Wertebereich enthält nur das eine Element c.

Das Bild einer konstanten Funktion ist eine Parallele zur x-Achse.

BEISPIEL

$y = 3$

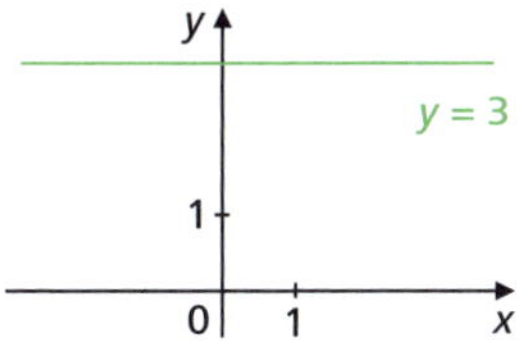

Konstante Funktionen $y = c$ mit $c \neq 0$ haben keine Nullstellen.

Die Funktion $y = c$ mit $c = 0$ kann als Spezialfall der linearen Funktion $y = m\,x$ für $m = 0$ aufgefasst werden.

SONDERFALL Parallelen zur y-Achse, die mit Gleichungen der Form $x = c$ beschrieben werden können, sind keine Bilder von Funktionen. Dem (einen) Element x werden unbegrenzt viele Werte y zugeordnet. Die Abbildung ist nicht eindeutig.

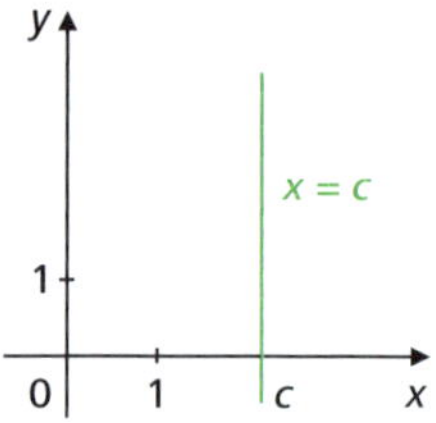

Dennoch werden solche und andere Gleichungen in der analytischen Geometrie zur Beschreibung geometrischer Objekte einer Ebene verwendet. Sie haben jedoch dort nicht die Bedeutung von Funktionsgleichungen.

4.4 Betragsfunktionen

Funktionen, in denen der Betrag der unabhängigen Variablen auftritt, heißen ***Betragsfunktionen***.
Die einfachste Betragsfunktion ist $y = |x|$. Ihr Funktionsbild besteht aus zwei Halbgeraden, den Winkelhalbierenden des I. und II. Quadranten. Man bezeichnet sie auch als ***stückweise lineare Funktion***.

$y = |x|$

- ist symmetrisch zur y-Achse (oder *gerade*),
- besitzt genau eine Nullstelle $x_0 = 0$,
- ist monoton fallend für $x < 0$, ist monoton wachsend für $x > 0$.

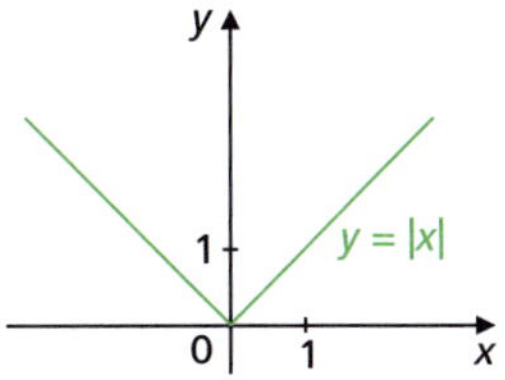

BEISPIELE für den Einfluss weiterer Konstanten auf den Verlauf von Betragsfunktionen:

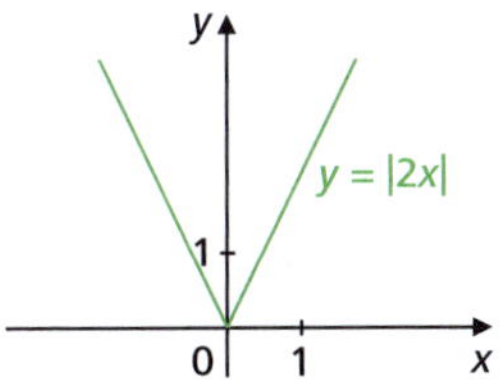

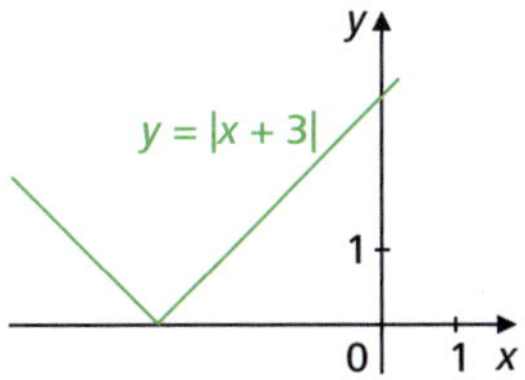

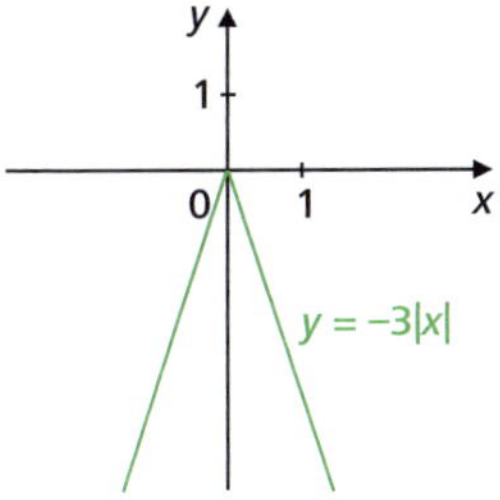

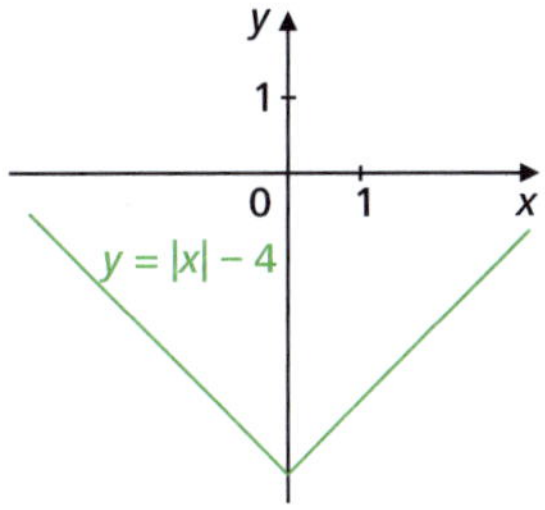

Teste dein Wissen!

Kapitel „Lineare Funktionen“	O. K. ✔	Das muss ich noch mal lesen
Ich kann die Merkmale einer linearen Funktion nennen und Beispiele angeben.		S. 48
Ich kann die Eigenschaften der Funktion $y = x$ und ihres Graphen beschreiben.		S. 49
Ich kann beschreiben, wie sich der Faktor m auf den Graphen der Funktion $y = m\,x$ auswirkt.		S. 50
Ich kann den Einfluss des absoluten Gliedes n in der Funktion $y = x + n$ auf den Kurvenverlauf beschreiben.		S. 51
Ich kann den Graphen der Funktion $y = mx + n$ anhand von m und n zeichnen.		S. 52, 53
Ich kann den Graphen einer konstanten Funktion $y = c$ und einer Betragsfunktion $y = \|x\|$ beschreiben.		S. 53–55

Lineare Gleichungen und Ungleichungen

5.1 Lineare Gleichungen

Lineare Gleichungen mit einer Variablen löst man im Allgemeinen in folgenden Schritten:

1. *Zusammenfassen:* Auf beiden Seiten der Gleichung werden getrennt die Glieder zusammengefasst.
2. *Ordnen:* Durch Anwenden der Umformungsregel 2 (↗ S. 31) ordnet man auf der linken Seite alle Glieder mit Variablen, auf der rechten Seite alle variablenfreien Glieder an.
3. *Isolieren der Variablen:* Durch Anwenden der Regel 3 (↗ S. 31) wird die Gleichung in die Form $x = l$ überführt.

BEISPIEL

$$\begin{aligned} 3x - 7 + 6x &= 10 - 5x + 11 && \mid \text{zusammenfassen} \\ 9x - 7 &= 21 - 5x && \mid +5x \\ 14x - 7 &= 21 && \mid +7 \\ 14x &= 28 && \mid :14 \\ x &= 2 \end{aligned}$$

Probe:

linke Seite	rechte Seite
$3 \cdot 2 - 7 + 6 \cdot 2$	$10 - 5 \cdot 2 + 11$

$$11 = 11$$

REGEL Brüche oder Klammern werden *zuerst* beseitigt.

BEISPIEL

$$\begin{aligned} 6(x + 8) &= 25x - \frac{4(x + 10)}{2} \\ 6x + 48 &= 25x - 2x - 20 \\ -17x &= -68 \\ x &= 4 \end{aligned}$$

5.2 Lineare Gleichungssysteme

Rechnerische Lösungsverfahren

Gegeben sei ein System von zwei linearen Gleichungen mit zwei Variablen.

$$\begin{array}{l|rcl|} \text{I} & 3x - y & = & 3 \\ \text{II} & x + 2y & = & 8 \end{array}$$

Betrachtet man nur Gleichung I, so gibt es unbegrenzt viele Zahlenpaare (x; y), die diese Gleichung erfüllen, z. B.:

Wertetabelle:

x	− 2	− 1	0	1	***2***	3	4
y	− 9	− 6	− 3	0	***3***	6	9

usw.

Auch Gleichung II hat unbegrenzt viele Zahlenpaare (x; y) als Lösungen, z. B.:

Wertetabelle:

x	− 2	− 1	0	1	***2***	3	4
y	5	4,5	4	3,5	***3***	2,5	2

usw.

Es gibt jedoch *nur ein Paar*, das Lösung beider Gleichungen ist: (2; 3). Dieses Paar ist ***Lösung des Gleichungssystems***.

Für das Lösen linearer Gleichungssysteme mit 2 Variablen gibt es drei wesentliche Verfahren.

Einsetzungsverfahren (Substitution)
Man löst eine der beiden Gleichungen nach einer der beiden Variablen auf, setzt den gewonnenen Ausdruck in die andere Gleichung ein und löst nach der anderen Variablen auf.

BEISPIEL

$$\begin{array}{ll} \text{I} & \left| \begin{array}{r} 3x - y = 3 \\ x + 2y = 8 \end{array} \right| \\ \text{II} & \end{array}$$

Zur besseren Übersicht sind die Gleichungen, in denen jeweils gerechnet wird, mit römischen Ziffern gekennzeichnet.

(I) $-y = 3 - 3x$

$y = 3x - 3$

(II) $x + 2(3x - 3) = 8$

$x + 6x - 6 = 8$

$7x = 14$

$x = 2$

(I) $3 \cdot 2 - y = 3$

$-y = -3$

$y = 3$

Setzt man den x-Wert in eine der beiden Ausgangsgleichungen ein, so kann man y berechnen

Das Zahlenpaar (2; 3) ist Lösung des Gleichungssystems.

Da man wählen kann, welche Gleichung man nach welcher Variablen zuerst auflöst, gibt es verschiedene Lösungswege. Man versucht, einen möglichst einfachen Weg zu gehen. Das hängt von der Struktur des Gleichungssystems ab.

Gleichsetzungsverfahren

Man kann auch beide Gleichungen nach derselben Variablen auflösen und die gewonnenen Ausdrücke gleichsetzen. Man spricht daher auch vom ***Gleichsetzungsverfahren.***

BEISPIEL

$$\begin{array}{l|rl|} \text{I} & 3x - y &= 3 \\ \text{II} & x + 2y &= 8 \end{array}$$

entweder

(I) $x = 1 + \frac{y}{3}$

(II) $x = 8 - 2y$

Gleichsetzen (I) = (II)

$$1 + \frac{y}{3} = 8 - 2y$$

$$2y + \frac{y}{3} = 8 - 1$$

$$\frac{6y + y}{3} = 7$$

$$7y = 21$$

$$y = 3$$

oder

(I) $y = 3x - 3$

(II) $y = 4 - \frac{x}{2}$

$$3x - 3 = 4 - \frac{x}{2}$$

$$3x + \frac{x}{2} = 4 + 3$$

$$\frac{6x + x}{2} = 7$$

$$7x = 14$$

$$x = 2$$

Durch Einsetzen in eine der Ausgangsgleichungen erhält man jeweils den zweiten Wert der Lösung.

BEACHTE Bei der ***Probe*** ist zu beachten, dass die Lösung in *beiden* Ausgangsgleichungen überprüft wird.
Im Beispiel ergab sich die Lösung $x = 2$; $y = 3$.

Probe: (I) $3 \cdot 2 - 3 \mid 3$
$3 = 3$

(II) $2 + 2 \cdot 3 \mid 8$
$8 = 8$

Nicht jedes Gleichungssystem hat genau eine Lösung. Widersprechen die Gleichungen einander oder sind sie identisch, so gibt es keine bzw. unbegrenzt viele Lösungen.

BEISPIELE

- $$\begin{array}{ll} \text{I} & \left| \begin{array}{r} x + 2y = 8 \\ 2x + 4y = -10 \end{array} \right| \\ \hline \text{(I)} & x = 8 - 2y \\ \text{(II)} & 2(8 - 2y) + 4y = -10 \\ & 16 - 4y + 4y = -10 \\ & 16 = -10 \end{array}$$
  (II in the system above.) Widerspruch: keine Lösung

- $$\begin{array}{ll} \text{I} & \left| \begin{array}{r} x + 2y = 8 \\ 3x + 6y = 24 \end{array} \right| \\ \hline \text{(I)} & x = 8 - 2y \\ \text{(II)} & 3(8 - 2y) + 6y = 24 \\ & 24 - 6y + 6y = 24 \\ & 24 = 24 \end{array}$$
  Unbegrenzt viele Lösungen

Additionsverfahren

Durch Multiplizieren einer der beiden Gleichungen eines Systems kann man erreichen, dass die Koeffizienten einer Variablen in beiden Gleichungen dem Betrag nach übereinstimmen.

BEISPIEL

$$\begin{array}{ll} \text{I} & \left| 3x - y = 3 \right| \\ \text{II} & \left| x + 2y = 8 \right| \end{array}$$

Entweder man multipliziert Gleichung I mit 2

$$\begin{array}{ll} \text{(I)} & 6x - 2y = 6 \\ \text{II} & x + 2y = 8 \end{array}$$

oder man multipliziert Gleichung II mit 3

$$\begin{array}{ll} \text{I} & 3x - y = 3 \\ \text{(II)} & 3x + 6y = 24 \end{array}$$

Durch Addition bzw. Subtraktion der jeweiligen Seiten beider Gleichungen fällt eine Variable weg.

Addition (I) + II führt zu

$$\begin{aligned} 7x &= 14 \\ x &= 2 \end{aligned}$$

Subtraktion I – (II) führt zu

$$\begin{aligned} -7y &= -21 \\ y &= 3 \end{aligned}$$

Den jeweils zweiten Wert der Lösung erhält man wieder durch Substitution in eine der Ausgangsgleichungen.

HINWEIS Das schrittweise Einsetzen des Substitutions- und Additionsverfahrens ist auch für das Lösen von Gleichungssystemen mit 3 Variablen geeignet.

Grafisches Lösen

Beim grafischen Lösen eines linearen Gleichungssystems mit 2 Variablen fasst man die Gleichungen des Systems als *Funktionsgleichungen* zweier linearer Funktionen auf und bestimmt den Schnittpunkt der beiden zugehörigen Geraden.

BEISPIEL

$$\begin{array}{l|rcl|} \text{I} & 3x - y & = & 3 \\ \text{II} & x + 2y & = & 8 \end{array}$$

Man stellt die Gleichungen nach y um:

(I) $y = 3x - 3$

(II) $y = -\frac{x}{2} + 4$

Man fasst die Gleichungen als Funktionsgleichungen auf und zeichnet ihre Bilder im Koordinatensystem.

Aus Wertetafeln der beiden Funktionen (↗ S. 58) erkennt man, dass das Wertepaar (2; 3) in beiden Tabellen auftritt.

Es sind die Koordinaten des Schnittpunktes *S*. Dieses Zahlenpaar erfüllt beide Gleichungen und ist deshalb Lösung des Gleichungssystems.

Es ist das einzige Wertepaar dieser Art, denn zwei Geraden schneiden einander in *genau einem* Punkt.

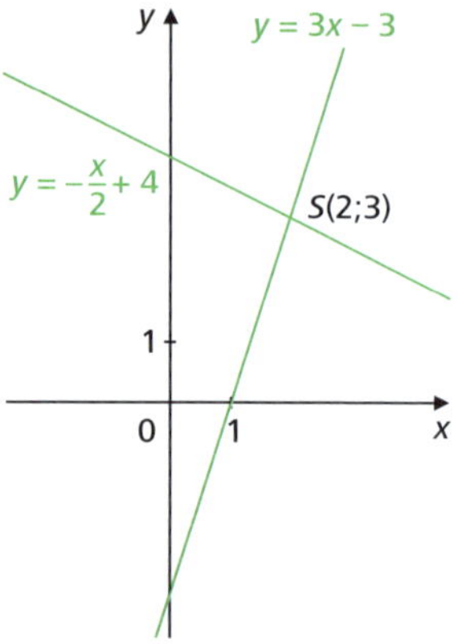

Beim grafischen Lösen linearer Gleichungssysteme können noch zwei weitere Fälle eintreten, auf die bereits bei den rechnerischen Lösungsverfahren hingewiesen wurde (↗ S. 60 f.).

BEISPIELE

- $\begin{array}{l|l|} \text{I} & 3x - y = 3 \\ \text{II} & 6x - 2y = -8 \end{array}$

  Die Auflösung der Gleichungen nach y ergibt:

  (I) $y = 3x - 3$
  (II) $y = 3x + 4$

  Beide Funktionen haben den gleichen Anstieg 3, die zugehörigen Geraden verlaufen in gleicher Richtung.
  Parallele Geraden schneiden einander nicht. Es gibt keinen Punkt, der beiden Geraden angehört.
  Das zugehörige Gleichungssystem hat *keine* Lösung.

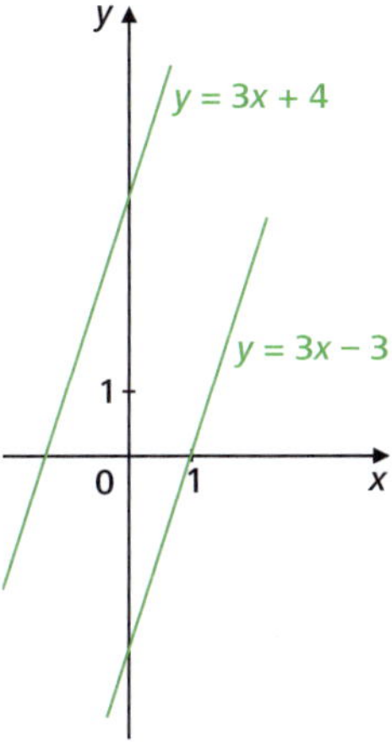

- $\begin{array}{l|l|} \text{I} & 3x - y = 3 \\ \text{II} & 6x - 2y = 6 \end{array}$

  Die Auflösung der Gleichungen nach y ergibt:

  (I) $y = 3x - 3$
  (II) $y = 3x - 3$

  Beide Gleichungen sind identisch. Jeder Punkt der einen Geraden ist auch Punkt der anderen. Das zugehörige Gleichungssystem hat *unendlich viele* Lösungen.

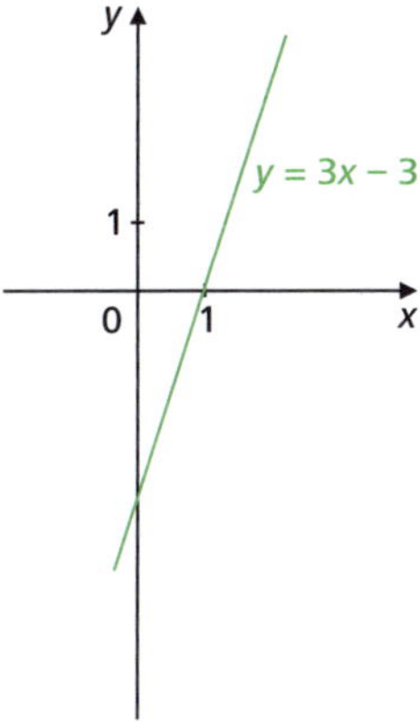

5.3 Lineare Ungleichungen

BEISPIELE

- $3 + x < 20, \quad x \in \mathbb{N}$
- $10 + 2x < x + 27, \quad x \in \mathbb{N}$

Beide Ungleichungen haben die Lösungsmenge $L = \{x;\, x \in \mathbb{N};\, x < 17\}$. Ungleichungen, die die gleiche Lösungsmenge haben, heißen ***zueinander äquivalente Ungleichungen.***

Wie beim Lösen von Gleichungen (↗ S. 57), so ist es auch beim Lösen von Ungleichungen das Ziel, eine gegebene Ungleichung in eine möglichst einfache Form zu überführen. Bei den erforderlichen Umformungen darf sich die Lösungsmenge nicht ändern. Für alle Ungleichungen gibt es Umformungsregeln, bei deren Anwendung man stets wieder äquivalente Ungleichungen erhält.

Ist eine Ungleichung gegeben, so darf man

(1) nur dann beide Seiten vertauschen, wenn das Ungleichheitszeichen umgekehrt wird:
$2x + 4 < 18$
$18 > 2x + 4$

(2) auf beiden Seiten die gleiche Zahl (bzw. den gleichen Term) addieren oder subtrahieren:
$2x + 4 < 18 \quad | + 3$
$2x + 7 < 21$

$2x + 4 < 18 \quad | - 4$
$2x < 14$

(3 a) auf beiden Seiten mit der gleichen positiven Zahl multiplizieren bzw. durch diese Zahl dividieren:
$2x + 4 < 18 \quad | \cdot 2$
$4x + 8 < 36$

$2x + 4 < 18 \quad | : 2$
$x + 2 < 9$

(3 b) nur dann auf beiden Seiten mit der gleichen negativen Zahl multiplizieren bzw. durch diese Zahl dividieren, wenn das Ungleichheitszeichen umgekehrt wird:
$2x + 4 < 18 \quad | \cdot (-2)$
$-4x - 8 > -36$

$2x + 4 < 18 \quad | : (-2)$
$-x - 2 > -9$

BEISPIELE

- $2x + 4 < 18 \quad | -4$
  $2x < 14 \quad | :2$
  $x < 7$

  Lösungsgrundmenge sei die Menge der natürlichen Zahlen.

  Da x eine natürliche Zahl sein soll, besteht die Lösungsmenge aus folgenden Elementen:
  $L = \{0; 1; 2; 3; 4; 5; 6\}$.

  Zur Probe müsste jedes Element in die Ausgangsgleichung eingesetzt werden. Es ist aber auch folgende Überlegung möglich: Wenn $x < 7$, so ist jede Zahl $x = 7 - z$, $z > 0$ eine Lösung. Setzt man diesen Term in die Ausgangsungleichung ein, so ergibt sich:

  $2(7 - z) + 4 \quad | \quad 18$
  $14 - 2z + 4 \quad | \quad 18$
  $18 - 2z < 18$

  Da z positiv ist, ist auch $2z$ positiv, also $18 - 2z < 18$.

5

- $5 - 3x < 4(x + 10) \quad |$ Klammern auflösen
  $5 - 3x < 4x + 40 \quad | -5$
  $-3x < 4x + 35 \quad | -4x$
  $-7x < 35 \quad | :(-7)$
  $x > -5$

  Probe: Man setzt $x = -5 + z$, $z > 0$

  $5 - 3(-5 + z) \quad | \quad 4(-5 + z + 10)$
  $5 + 15 - 3z \quad | \quad -20 + 4z + 40$
  $20 - 3z < 20 + 4z$

Teste dein Wissen!

Kapitel „Lineare Gleichungen und Ungleichungen“	O. K. ✔	Das muss ich noch mal lesen
Ich kenne die Hauptschritte des Lösens linearer Gleichungen.		S. 57
Ich kann drei rechnerische Verfahren zum Lösen linearer Gleichungssysteme beschreiben.		S. 58–61
Ich kann ein lineares Gleichungssystem mit zwei Variablen grafisch lösen.		S. 62, 63
Ich kann die Umformungsregeln für Ungleichungen anwenden.		S. 64, 65

Quadratische Funktionen

6.1 Allgemeine Form einer quadratischen Funktion

Wird ein Fahrzeug mit einer (Anfangs-)Geschwindigkeit v_0 gleichmäßig beschleunigt, nachdem es bereits den Weg s_0 zurückgelegt hat, so errechnet sich der Gesamtweg s nach einer Zeit t nach dem Weg-Zeit-Gesetz der gleichmäßig beschleunigten Bewegung:

$s = \frac{a}{2}\,t^2 + v_0\,t + s_0$,
a (Beschleunigung), v_0 und s_0 sind Konstante.

Der Weg s ist eine Funktion der Zeit $t \geq 0$: $s = f(t)$.

In der Funktionsgleichung (Formel) tritt die unabhängige Variable t in der zweiten Potenz auf.

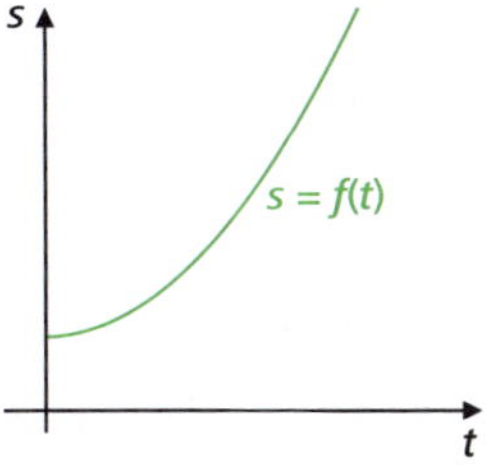

Das Bild der Funktion ist eine gekrümmte Kurve.

> Eine Funktion mit einer Gleichung
> $y = a\,x^2 + b\,x + c$; a, b, c Konstante; $a \neq 0$; $x \in \mathbb{R}$
> heißt ***quadratische Funktion***.

Allgemeine Form der quadratischen Funktion:

$y =$	$a\,x^2$	+	$b\,x$	+	c
	quadratisches Glied		*lineares Glied*		*absolutes Glied*

Das Bild einer quadratischen Funktion ist eine ***Parabel***.

Im Einführungsbeispiel ist das Funktionsbild wegen der Beschränkung des Definitionsbereichs nur ein *Parabelstück*.

6.2 Die Funktion $y = x^2$

Den Flächeninhalt eines Quadrates berechnet man nach der Formel $A = a^2$. Der Flächeninhalt A ist eine Funktion der Seitenlänge a: $A = f(a)$.

$A = a^2$; $a \in \mathbb{R}$; $a \geq 0$ ist eine quadratische Funktion.

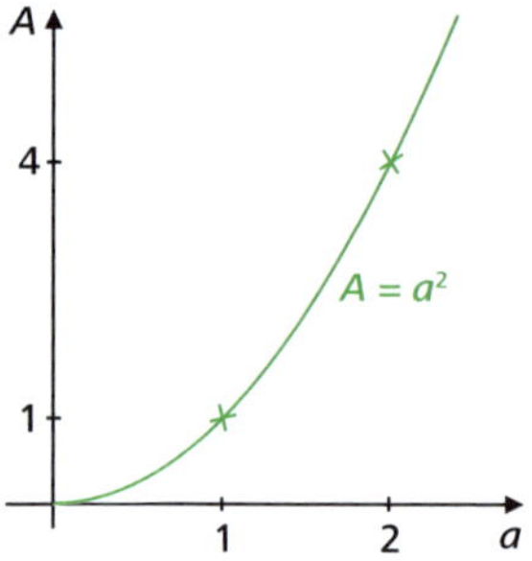

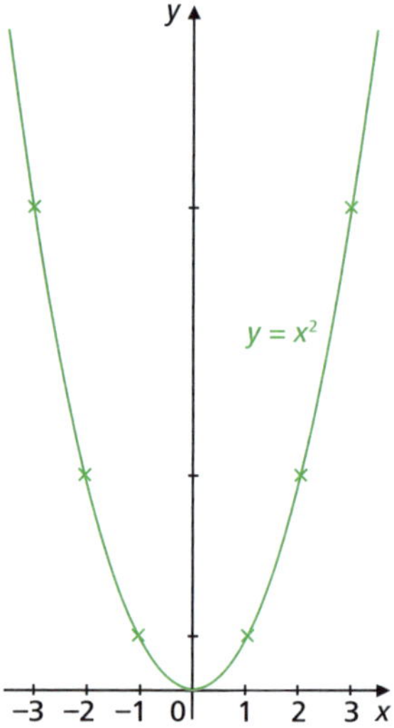

Setzt man in der allgemeinen Gleichung einer quadratischen Funktion $y = a\,x^2 + b\,x + c$ für $a = 1, b = 0, c = 0$, so erhält man die einfachste Form einer quadratischen Funktion: $y = x^2$. Ihr Bild im Koordinatensystem ist eine Parabel.
Wegen $a = 1$ (in der Funktionsgleichung) heißt sie auch ***Einheitsparabel***.
Diese Bezeichnung erfolgt in Analogie zu den Begriffen Einheitskreis (Kreis mit $r = 1$) oder Einheitsquadrat (Quadrat mit $a = 1$). Damit ist keine spezielle Form gemeint, denn es gibt *nur eine* Kreisform oder Quadratform, so auch *nur eine* Parabelform.
Mitunter verwendet man für das Bild von $y = x^2$ auch die Bezeichnung ***Normalparabel*** (↗ S. 77).

▶ HINWEIS Sie lässt sich in einem Koordinatensystem mit gleichmäßiger Einteilung beider Achsen mithilfe einer Parabelschablone zeichnen. Dabei ist zu beachten, dass die Einheiten auf der Schablone mit den Einheiten im vorgesehenen Koordinatensystem übereinstimmen.

Aus dem Graph der Funktion $y = x^2$ sind folgende Eigenschaften ablesbar:

- Die Funktionskurve verläuft durch die *charakteristischen Punkte* (– 1; 1), (0; 0), (1; 1).
- $y = x^2$ hat genau eine Nullstelle $x_0 = 0$. An dieser Stelle nimmt die Funktion zugleich ihren kleinsten Wert $y_0 = 0$ an.
- Der Punkt (0; 0) ist das *(globale) Minimum* der Funktion und wird ***Scheitel*** der Parabel genannt.
- $y = x^2$ ist nach unten beschränkt.
- Sie ist eine gerade Funktion (symmetrisch zur y-Achse),
- für $x < 0$ monoton fallend und
- für $x > 0$ monoton wachsend.

Umkehrbarkeit

$y = x^2$ ist *keine* umkehrbar eindeutige Funktion.
Deshalb kann man nur für Intervalle, in denen sie umkehrbar eindeutig ist, Umkehrfunktionen bilden.

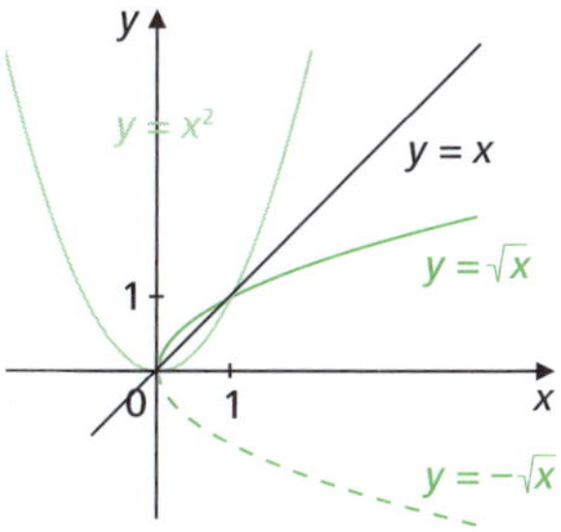

$y = x^2; \quad x \geq 0$
Umkehrung: $x = y^2; \quad y \geq 0$
$|y| = \sqrt{x}$
$y = \sqrt{x}$

$y = x^2; \quad x < 0$
Umkehrung: $x = y^2; \quad y < 0$
$-|y| = \sqrt{x}$
$y = -\sqrt{x}$

In der grafischen Darstellung wird jeweils nur ein Parabelast an der Geraden $y = x$ gespiegelt.

6.3 Die Funktion $y = x^2 + c$

Setzt man in der allgemeinen Form einer quadratischen Funktion $y = a\,x^2 + b\,x + c$ für $a = 1$; $b = 0$; $c \neq 0$, so erhält man die Funktion $y = x^2 + c$.

Bei der linearen Funktion $y = x + n$ bewirkt das absolute Glied n eine Verschiebung der Geraden $y = x$ in Richtung der y-Achse (↗ S. 51). Analog bewirkt das absolute Glied c in $y = x^2 + c$ eine Verschiebung der Einheitsparabel $y = x^2$ um c in Richtung der y-Achse.

Die Funktion $y = x^2 + c$ ist eine gerade Funktion. Scheitelkoordinaten: $S\,(0, c)$

Bezüglich der Lage des Graphen zur x-Achse unterscheidet man zwei Fälle:

$c > 0$: Es existiert keine Nullstelle.

$c < 0$: Es existieren zwei Nullstellen:
$x_1 = \sqrt{-c}$,
$x_2 = -\sqrt{-c}$.

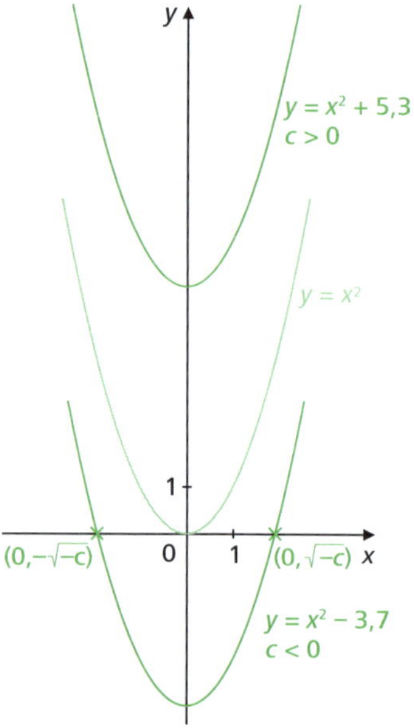

6.4 Die Funktion $y = (x + d)^2$

Setzt man in der allgemeinen Form einer quadratischen Gleichung $y = a\,x^2 + b\,x + c$ für $a = 1$ und $b, c \neq 0$, so erhält man die Funktion $y = x^2 + b\,x + c$. Bei geeigneter Wahl der Zahlen b und c ist der Ausdruck $x^2 + b\,x + c$ das Quadrat eines Binoms $(x + d)$.

BEISPIELE

- $y = x^2 - 12\,x + 36$
  $x^2 - 12\,x + 36 = (x - 6)^2$, also
  $y = (x - 6)^2$
- $y = x^2 - 4\,x - 1$
  Hier lässt sich nur durch Addition einer Zahl das Quadrat eines Binoms gewinnen. Diese Zahl nennt man ***quadratische Ergänzung***. Sie muss gleichzeitig wieder subtrahiert werden, um die Funktionsgleichung nicht zu verändern.

  $y = x^2 - 4\,x\ + 4\ - 1\ - 4$

  Die Zahl 4 ist quadratische Ergänzung.
  $y = (x - 2)^2 - 5$

6

BEISPIELE für quadratische Funktionen, die sich in der Form $y = (x + d)^2$ schreiben lassen. Die Zahl d bewirkt eine Verschiebung der Einheitsparabel in Richtung der x-Achse. Nullstelle: $x_0 = -\,d$. Scheitelkoordinaten: $S = (-\,d; 0)$.

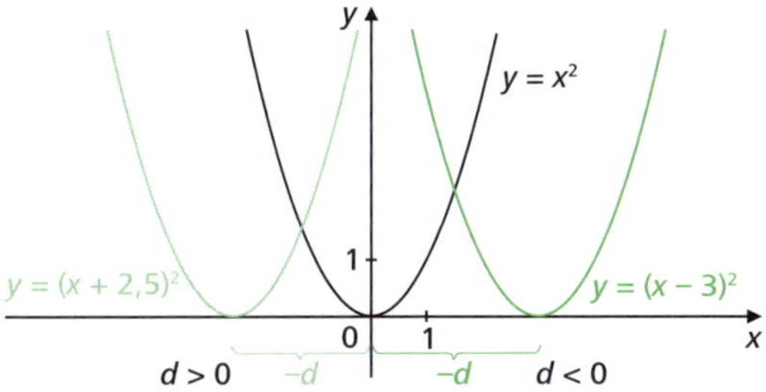

6.5 Die Funktion $y = x^2 + p\,x + q$

Die Hilfsform $y = (x + d)^2 + e$

Setzt man in der allgemeinen Form einer quadratischen Funktion $y = a\,x^2 + b\,x + c$ für $a = 1$ und $b, c \neq 0$, so erhält man die Funktion $y = x^2 + b\,x + c$.

BEISPIEL

$y = x^2 - 6\,x + 11$

Mittels einer Wertetafel lässt sich der Graph punktweise ermitteln. Das Bild ist eine im Koordinatensystem sowohl in Richtung der x-Achse als auch in Richtung der y-Achse verschobene Einheitsparabel. Der Zusammenhang der Scheitelkoordinaten (3; 2) mit den Konstanten –6 und 11 ist vorerst nicht erkennbar.

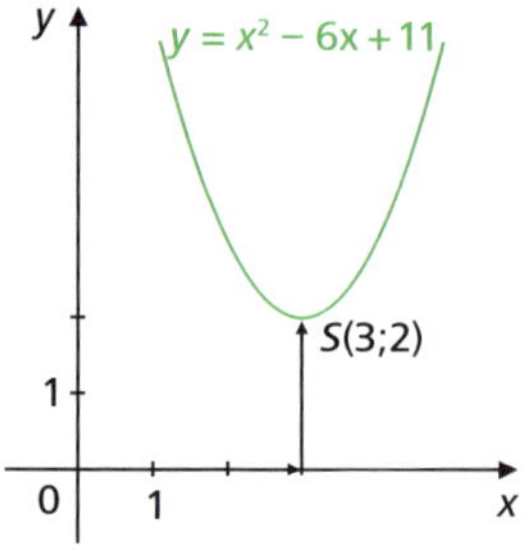

Um den Zusammenhang der Scheitelkoordinaten mit den Konstanten der Funktion $y = x^2 + b\,x + c$ herzustellen, überführt man sie in eine Hilfsform.

Wegen des Zusammenhangs dieser Funktion mit der Normalform einer quadratischen Gleichung (↗ S. 82) ist es üblich, die Konstanten wie dort zu bezeichnen ($b = p$, $c = q$), also statt $y = x^2 + b\,x + c$ nun $y = x^2 + p\,x + q$.

Man versucht nun, durch gleichzeitiges Addieren und Subtrahieren der quadratischen Ergänzung eine Hilfsform zu finden, die das Zeichnen der Funktionskurve erleichtert (↗ S. 84 f.):

$$y = x^2 + p\,x + q$$

$$y = \underbrace{x^2 + p\,x + \left(\frac{p}{2}\right)^2} + q - \left(\frac{p}{2}\right)^2; \qquad \left(\frac{p}{2}\right)^2 \text{ ist } \textit{quadratische Ergänzung.}$$

$$y = \left(x + \frac{p}{2}\right)^2 + q - \frac{p^2}{4}$$

Man hat nun eine Hilfsform in der Gestalt von $y = (x + d)^2 + e$.

Eigenschaften der Funktion $y = x^2 + p\,x + q$

Die Umformung der Funktion $y = x^2 + p\,x + q$ in die Hilfsform $y = (x + d)^2 + e$ ermöglicht es, auf einfache Weise die Lage der Einheitsparabel im Koordinatensystem zu bestimmen.

Lässt man für d und e auch die Werte 0 zu, so kann man mit $y = (x + d)^2 + e$ alle bisherigen Fälle erfassen.

Die Funktion $y = (x + d)^2 + e$ mit $d = \frac{p}{2}$ und $e = q - \frac{p^2}{4}$ hat folgende Eigenschaften:

- Das Bild der Funktion ist eine Einheitsparabel, die im Koordinatensystem verschoben erscheint.
- Scheitelkoordinaten: $S\left(-\frac{p}{2}; q - \frac{p^2}{4}\right)$ bzw. $S\,(-d; e)$
- Die Lage des Scheitels ist entscheidend für die Anzahl der Nullstellen der Funktion:
  Der Scheitel liegt oberhalb der x-Achse: keine Nullstellen,
  der Scheitel liegt auf der x-Achse: eine Nullstelle,
  der Scheitel liegt unterhalb der x-Achse: zwei Nullstellen.
- Für die Verschiebung in Richtung der y-Achse ist die Zahl $-e = -\left(q - \frac{p^2}{4}\right)$ verantwortlich. Dieser Ausdruck wird auch ***Diskriminante*** (Bestimmende) genannt. Man setzt:
  $D = \frac{p^2}{4} - q$.
- Es gilt für $y = (x + d)^2 + e \quad (D = -e)$
  $D > 0$: zwei Nullstellen,
  $D = 0$: eine Nullstelle,
  $D < 0$: keine Nullstelle.
- Für $d = 0$ sind die Funktionen gerade.
  Monotonie: im Intervall $-\infty < x < -d$ fallend
  Monotonie: im Intervall $-d < x < \infty$ wachsend

6

Übersicht

BEISPIELE für alle auftretenden Fälle der Funktion
$y = (x + d)^2 + e; \quad d, e \neq 0$

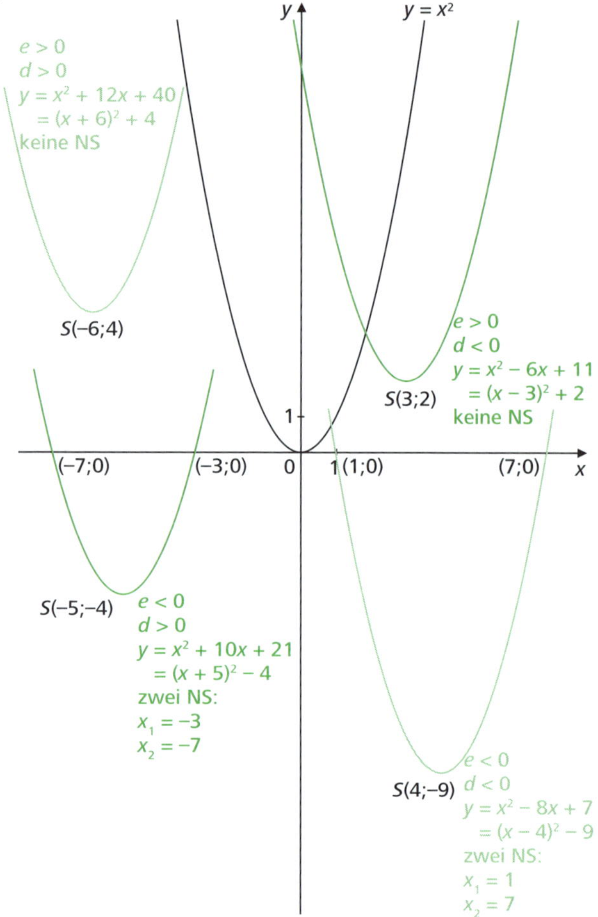

6.6 Die Funktion $y = a\,x^2$

Eigenschaften

Lässt man aus einem Flugzeug, das sich auf einer waagerechten Flugbahn befindet, ein Objekt fallen, so bewegt es sich auf einer parabelförmigen Bahn nach unten.
Die Flugbahn wird beschrieben durch die Funktion

$$y = -\frac{g}{2\,v_0^{\,2}} \cdot x^2.$$

Die Kurve ist die *Wurfparabel* beim waagerechten Wurf. Sie ist eine idealisierte Kurve. In der Realität wird sie noch u. a. durch Luftwiderstand und Windgeschwindigkeit beeinflusst.

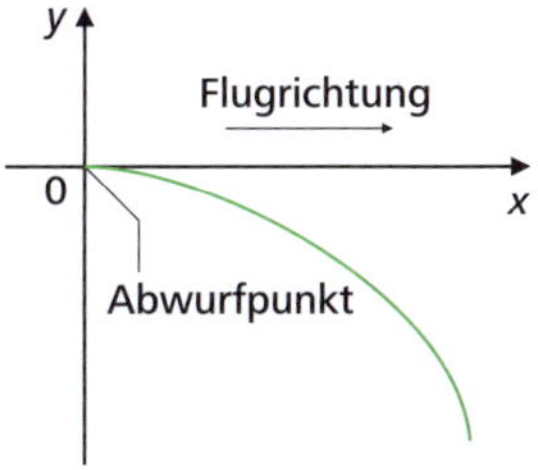

Setzt man in der allgemeinen Form einer quadratischen Funktion $y = a\,x^2 + b\,x + c$ für $a \neq 0$; $a \neq 1$; $b, c = 0$, erhält man die Funktion $y = a\,x^2$. Der Faktor a bewirkt eine ***Streckung*** bzw. ***Stauchung*** der Ordinaten von $y = x^2$ (vgl. mit $y = m\,x$, ↗ S. 50).

BEISPIELE

- $y = 2\,x^2$

  Die Kurve erscheint gegenüber der Einheitsparabel gestreckt.

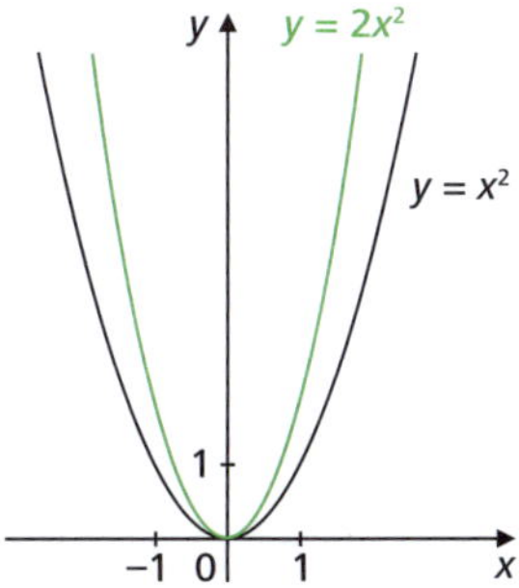

- $y = -\frac{1}{4}x^2$

  Die Kurve erscheint gegenüber $y = x^2$ gestaucht und an der x-Achse gespiegelt.

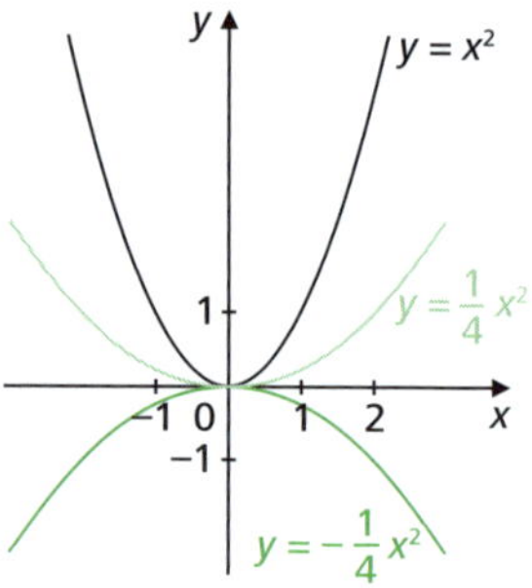

Übersicht

BEISPIELE für alle auftretenden Fälle der Funktion $y = a\,x^2;\ a \neq 0.$

- gestreckt
- gestaucht
- gestreckt

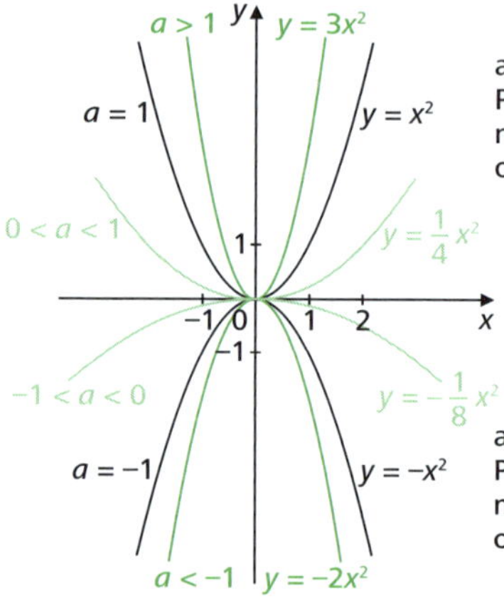

$y = a\,x^2$ ist eine gerade Funktion. Die Bilder der Funktionen $y = a\,x^2$ sind einander ähnlich. Man kann sie durch zentrische

Streckung der Einheitsparabel $y = x^2$ mit dem Streckungszentrum $S\,(0, 0)$ und dem Streckungsfaktor $k = \frac{1}{a}$ erzeugen.

Stauchung bzw. Streckung bewirken eine Vergrößerung bzw. Verkleinerung. Es gibt nur eine Parabelform. „*Einheitsparabel*“ oder „*Normalparabel*“ haben als Bezeichnungen nur Sinn in Verbindung mit einem bestimmten Koordinatensystem.

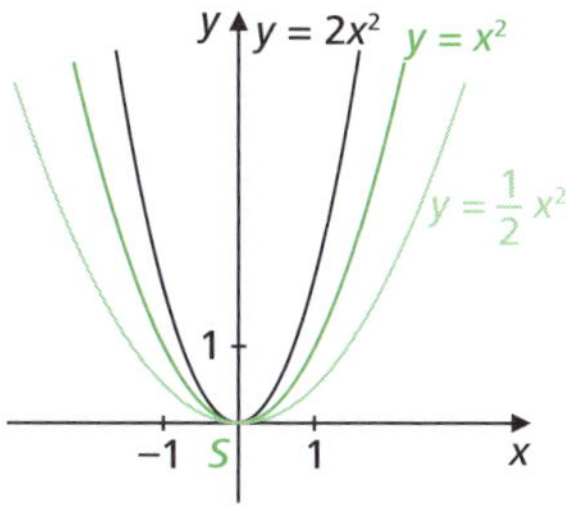

6.7 Die Funktion $y = a\,x^2 + b\,x + c$

Setzt man die Bedingung $a \neq 0$, so ist $y = a\,x^2 + b\,x + c$ die allgemeinste Form einer quadratischen Funktion. In ihr sind alle in den Abschnitten 2 bis 6 besprochenen Funktionen als Spezialfälle enthalten.

Das Bild der allgemeinen quadratischen Funktion $y = a\,x^2 + b\,x + c$ ist stets eine irgendwie im Koordinatensystem verschobene und gegebenenfalls gestreckte oder gestauchte, nach oben oder unten offene Parabel.

Für den Fall $a \neq 0$ und $a \neq 1$ gibt es neben der punktweisen Konstruktion zwei Wege, um die Lage des Graphen im Koordinatensystem zu bestimmen.

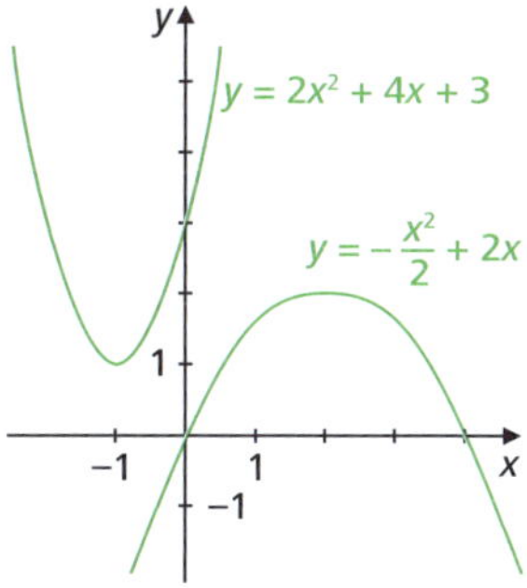

Man formt die Funktionsgleichung so um, dass die Scheitelkoordinaten und der Streckungsfaktor a der Ordinaten der Einheitsparabel $y = x^2$ leicht abgelesen werden können.

1. Weg

$y = a\,x^2 + b\,x + c$

$y = a\left(x^2 + \frac{b}{a}\,x\right) + c$

$y = a\underbrace{\left(x + \frac{b}{2\,a}\right)^2}_{d} + \underbrace{c - \frac{b^2}{4\,a}}_{e}$ $\left(\text{Der Term } \frac{b^2}{4\,a} \text{ ist } a\text{-faches der quadratischen Ergänzung.}\right)$

$S\left(-\frac{b}{2\,a};\, c - \frac{b^2}{4\,a}\right)$

Zu beachten ist, dass die Einheitsparabel mit dem Scheitel S noch mit dem Faktor a zu strecken und um $c - \frac{b^2}{4\,a}$ in Richtung der y-Achse zu verschieben ist.

BEISPIEL

$y = 2\,x^2 - 4\,x - 2,$
also $a = 2;\ b = -4;\ c = -2$
Die Umformung führt zu
$y = \underbrace{2\,\underbrace{(x-1)^2}_{y^{(1)}}}_{y^{(2)}} - 4$

Man zeichnet
$y^{(1)} = (x-1)^2,$
streckt zu
$y^{(2)} = 2\,(x-1)^2$
und verschiebt zu
$y \quad = 2\,(x-1)^2 - 4.$

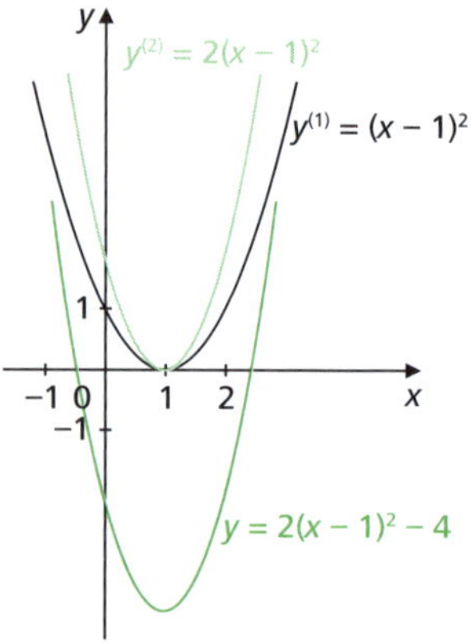

2. Weg

$$y = a\,x^2 + b\,x + c$$

$$y = a\left(x^2 + \frac{b}{a}x + \frac{c}{a}\right)$$

$$y = a\left[\left(x + \frac{b}{2\,a}\right)^2 + \frac{c}{a} - \frac{b^2}{4\,a^2}\right].$$

Die in eckiger Klammer stehende Funktion hat den Scheitel

$$S^{(1)}\left(-\frac{b}{2\,a}; \frac{c}{a} - \frac{b^2}{4\,a^2}\right).$$

Dessen Ordinate ist noch mit dem Faktor a zu strecken.
Man erhält wieder

$$S\left(-\frac{b}{2\,a}; c - \frac{b^2}{4\,a}\right).$$

BEISPIEL

$$y = 2\,x^2 - 4\,x - 2$$

$$y = 2\,\underbrace{[(x-1)^2 - 2]}_{y^{(1)}}$$

Man zeichnet
$y^{(1)} = (x-1)^2 - 2$
und streckt alle Ordinaten zu
$y = 2\,[(x-1)^2 - 2]$.

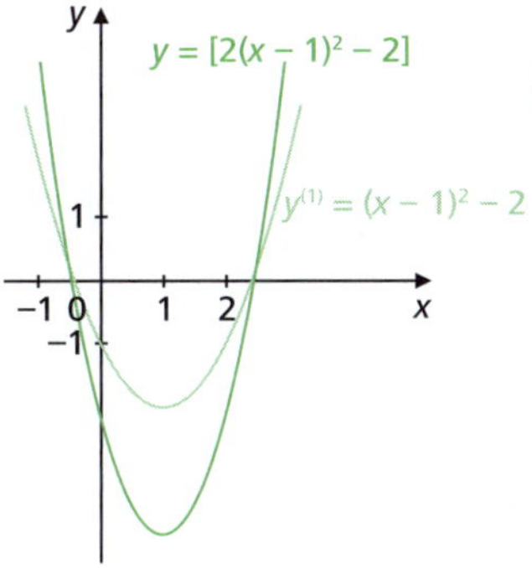

6

Teste dein Wissen!

Kapitel „Quadratische Funktionen“	O. K. ✓	Das muss ich noch mal lesen
Ich kann die allgemeine Form einer quadratischen Funktion angeben.		S. 67
Ich kann die Eigenschaften der Funktion $y = x^2$ nennen und sie und ihre Umkehrfunktion grafisch darstellen.		S. 68, 69
Ich kann beschreiben, wie sich in der Funktion $y = x^2 + c$ die Konstante c auf die Lage der Normalparabel auswirkt.		S. 70
Ich kann eine quadratische Funktion $y = x^2 + p\,x + q$ in die Hilfsform $y = (x + d)^2 + e$ überführen.		S. 72, 73
Ich kann aus der Hilfsform die Lage der Normalparabel ablesen und die Anzahl ihrer Nullstellen bestimmen.		S. 73, 74
Ich kann den Einfluss des Koeffizienten a in der Funktion $y = a\,x^2$ auf die Normalparabel beschreiben.		S. 75–77

Quadratische Gleichungen

7.1 Allgemeine Form und Normalform

Der Anblick des Alten Leipziger Rathauses wirkt besonders reizvoll durch die asymmetrische Stellung des Turmes. Er befindet sich etwa an jenem Punkt, durch den die Gesamtlänge der Rathausfront (ca. 90 m) *stetig geteilt* wird *(goldener Schnitt)*.

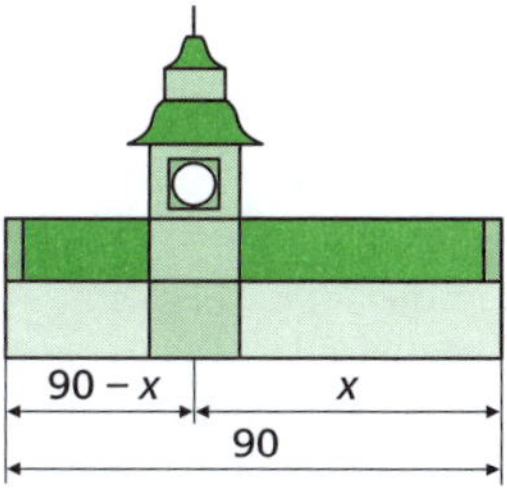

Eine Strecke a heißt stetig geteilt durch T, wenn folgende Verhältnisgleichung gilt:

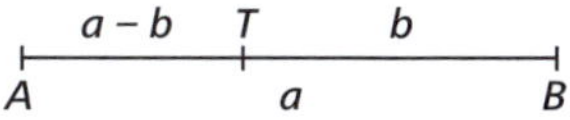

$a : b = b : (a - b)$.

Zur Berechnung der Teilstrecke x liest man aus der Skizze zum Leipziger Rathaus die folgende Gleichung ab:

$90 : x = x : (90 - x)$.

Durch Umformen erhält man $x^2 = 90\,(90 - x)$ und $x^2 + 90\,x - 8100 = 0$. Das ist eine ***quadratische Gleichung*** oder ***Gleichung 2. Grades.***

> Die ***allgemeine Form einer quadratischen Gleichung*** lautet
>
> | $a\,x^2$ | + | $b\,x$ | + | c | = | 0. |
> |---|---|---|---|---|---|---|
> | ***quadratisches Glied*** | | ***lineares Glied*** | | ***absolutes Glied*** | | |

Division durch a ergibt

$x^2 + \frac{b}{a}x + \frac{c}{a} = 0.$ Man setzt $\frac{b}{a} = p;\ \frac{c}{a} = q$

und erhält die ***Normalform einer quadratischen Gleichung***

$x^2 + p\,x + q = 0.$

Jede quadratische Gleichung lässt sich in die Normalform überführen. Alle Überlegungen hierzu lassen sich daher auf die Normalform und ihre Spezialfälle reduzieren.

7.2 Grafisches Lösen quadratischer Gleichungen

Sollen die Nullstellen einer quadratischen Funktion berechnet werden, so gelangt man ebenfalls zu einer quadratischen Gleichung. Es werden diejenigen Argumente x_0 gesucht, denen der Funktionswert $y_0 = 0$ zugeordnet wird. In der Funktionsgleichung $y = a\,x^2 + b\,x + c$ setzt man $y = 0$ und erhält (nach Seitenvertauschung) die quadratische Gleichung $a\,x^2 + b\,x + c = 0$ bzw. in Normalform $x^2 + p\,x + q = 0$. Ihre Lösungen sind die Nullstellen der zugehörigen Funktion.
Umgekehrt kann der Zusammenhang zwischen einander entsprechender Funktionsgleichung und Bestimmungsgleichung für das ***grafische Lösen*** der Gleichung genutzt werden. Zwei mögliche Wege seien an Beispielen erläutert.

1. Weg
Zu lösen ist die Gleichung
$x^2 - 6\,x + 5 = 0.$
Man fasst die Gleichung als Funktion auf: $y = x^2 - 6\,x + 5$, umgeformt zu $y = (x - 3)^2 - 4$ (↗ S. 72), und zeichnet den Graphen der Funktion.

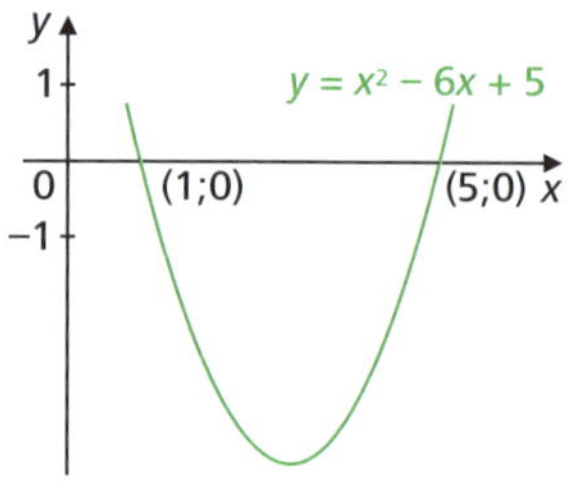

Die Abszissen (x-Werte) der Schnittpunkte der Kurve mit der y-Achse sind die Lösungen der Gleichung: $x_1 = 1$; $x_2 = 5$.

2. Weg

Zu lösen ist die Gleichung $x^2 - x - 2 = 0$. Man formt um zu $x^2 = x + 2$ und fasst beide Seiten der Gleichung getrennt als Funktionen $y = x^2$ und $y = x + 2$ auf und zeichnet ihre Graphen. Die Abszissen der Schnittpunkte beider Graphen sind die Lösungen der Gleichung: $x_1 = -1$; $x_2 = 2$.

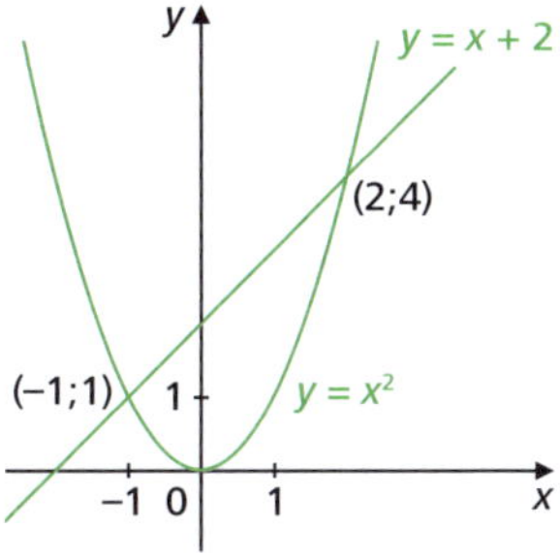

7.3 Spezielle quadratische Gleichungen

Die Gleichung $x^2 + q = 0$

Rechnerisch löst man quadratische Gleichungen grundsätzlich durch Rückführen auf das Lösen linearer Gleichungen.
Setzt man in der Normalform $x^2 + px + q = 0$ für $p = 0$, so erhält man die ***reinquadratische Gleichung*** $x^2 + q = 0$.

1. Weg: Lösen durch *Wurzelziehen (Radizieren)* (↗ S. 95 f.)

BEISPIEL

$x^2 + q = 0$		$x^2 - 9 = 0$
$x^2 = -q$	Wurzelziehen	$x^2 = 9$
$\sqrt{x^2} = \sqrt{-q}$	Anwenden von $\sqrt{a^2} = \lvert a \rvert$	$\sqrt{x^2} = \sqrt{9}$
$\lvert x \rvert = \sqrt{-q}$	Anwenden von:	$\lvert x \rvert = 3$
$x_1 = \sqrt{-q}$	$\lvert a \rvert = a$ für $a \geq 0$,	$x_1 = 3$
$x_2 = -\sqrt{-q}$	$\lvert a \rvert = -a$ für $a < 0$	$x_2 = -3$

2. Weg: Lösen durch *Zerlegen in Linearfaktoren*

Dieser Weg sei an einem Beispiel erläutert.

$x^2 - 9 = 0$	Die linke Seite der Gleichung kann als
$x^2 - 3^2 = 0$	ein Ausdruck der Form $a^2 - b^2$ aufgefasst werden.
$(x + 3)(x - 3) = 0$	Dieser kann in $(a + b)(a - b)$ zerlegt werden (Zerlegung in Linearfaktoren). Ist ein Produkt 0, so ist
$x + 3 = 0$	der erste Faktor 0
$x_1 = -3$	oder
$x - 3 = 0$	der zweite Faktor 0.
$x_2 = 3$	

Für die reinquadratische Gleichung $x^2 + q = 0$ existieren für
$q < 0$ zwei Lösungen,
$q = 0$ eine Lösung,
$q > 0$ keine Lösung.

Die Probe ist bei quadratischen Gleichungen stets mit allen Lösungen durchzuführen.

Die Gleichung $x^2 + p\,x = 0$

Setzt man in der Normalform $x^2 + p\,x + q = 0$ für $q = 0$, so erhält man die *gemischt-quadratische Gleichung* $x^2 + p\,x = 0$.

1. Weg: Lösen durch *quadratische Ergänzung* und *Wurzelziehen*

	BEISPIEL
$x^2 + p\,x = 0$	$x^2 + 8\,x = 0$
$x^2 + p\,x + \left(\frac{p}{2}\right)^2 = \left(\frac{p}{2}\right)^2$	$x^2 + 8\,x + 16 = 16$
$\left(x + \frac{p}{2}\right)^2 = \left(\frac{p}{2}\right)^2$	$(x + 4)^2 = 16$
$\sqrt{\left(x + \frac{p}{2}\right)^2} = \sqrt{\left(\frac{p}{2}\right)^2}$	$\sqrt{(x + 4)^2} = \sqrt{16}$

$$\left|x+\frac{p}{2}\right| = \left|\left(\frac{p}{2}\right)\right| \qquad |x+4| = 4$$

$$x_1+\frac{p}{2} = \frac{p}{2} \qquad x_1+4 = 4$$

$$x_1 = 0 \qquad x_1 = 0$$

$$x_2+\frac{p}{2} = -\frac{p}{2} \qquad x_2+4 = -4$$

$$x_2 = -\mathrm{p} \qquad x_2 = -8$$

2. Weg: Lösen durch *Zerlegen in Linearfaktoren*

BEISPIEL

$$x^2+p\,x = 0 \qquad x^2+8\,x = 0$$

$$x\,(x+p) = 0 \qquad x\,(x+8) = 0$$

$$x_1 = 0 \qquad x_1 = 0$$

$$x_2+p = 0 \qquad x_2+8 = 0$$

$$x_2 = -p \qquad x_2 = -8$$

Während für die Gleichung $x^2+q=0$ (↗ S. 83) das Wurzelziehen rasch zu den Lösungen führt, erscheint für die Gleichung $x^2+p\,x=0$ die Zerlegung in Linearfaktoren eleganter.

7.4 Allgemeine Lösungsformel

Die zwei Wege, Wurzelziehen und Linearfaktorenzerlegung, lassen sich auch auf die Normalform anwenden, um zu einer allgemeinen Lösungsformel zu gelangen.

1. Weg: Wurzelziehen

BEISPIEL

$$x^2+p\,x+q = 0 \qquad x^2-2\,x-3 = 0$$

$$x^2+p\,x = -q \qquad x^2-2\,x = 3$$

$$x^2+p\,x+\left(\frac{p}{2}\right)^2 = -q+\left(\frac{p}{2}\right)^2 \qquad x^2-2\,x+1 = 3+1$$

$$\left(x + \frac{p}{2}\right)^2 = \frac{p^2}{4} - q \qquad (x - 1)^2 = 4$$

$$\sqrt{\left(x + \frac{p}{2}\right)^2} = \sqrt{\frac{p^2}{4} - q} \qquad \sqrt{(x - 1)^2} = 4$$

$$\left|x + \frac{p}{2}\right| = \sqrt{\frac{p^2}{4} - q} \qquad |x - 1| = 2$$

$$x_1 + \frac{p}{2} = \sqrt{\frac{p^2}{4} - q} \qquad x_1 - 1 = 2$$

$$x_1 = -\frac{p}{2} + \sqrt{\frac{p^2}{4} - q} \qquad x_1 = 3$$

$$x_2 + \frac{p}{2} = -\sqrt{\frac{p^2}{4} - q} \qquad x_2 - 1 = -2$$

$$x_2 = -\frac{p}{2} - \sqrt{\frac{p^2}{4} - q} \qquad x_2 = -1$$

Die ***allgemeine Lösungsformel*** für die Normalform der quadratischen Gleichung $x^2 + p\,x + q = 0$ lautet
$x_{1,2} = -\frac{p}{2} \pm \sqrt{\frac{p^2}{4} - q}$.

Entscheidend für die Lösungen ist der Radikand $\frac{p^2}{4} - q = D$.

Man nennt ihn ***Diskriminante*** (Bestimmende, ↗ S. 73).

Es existieren für
$D > 0$ 2 Lösungen,
$D = 0$ 1 Lösung,
$D < 0$ keine Lösung.

2. Weg: Linearfaktorenzerlegung
Bei der Herleitung der Lösungsformel für die Gleichung $x^2 + p\,x + q = 0$ über die Zerlegung in Linearfaktoren ist zunächst auch die quadratische Ergänzung zu bilden.

$$x^2 + p\,x + q = 0$$

$$x^2 + p\,x + \frac{p^2}{4} - \frac{p^2}{4} + q = 0$$

$$\left(x + \frac{p}{2}\right)^2 - \left(\frac{p^2}{4} - q\right) = 0$$

Wendet man die Formel $a^2 - b^2 = (a + b)(a - b)$ an, so setzt man $a^2 = \left(x + \frac{p}{2}\right)^2$ und $b^2 = \frac{p^2}{4} - q$, also

$$\left(x + \frac{p}{2} + \sqrt{\frac{p^2}{4} - q}\right)\left(x + \frac{p}{2} - \sqrt{\frac{p^2}{4} - q}\right) = 0.$$

Ein Produkt ist 0, wenn der 1. Faktor oder der 2. Faktor 0 ist.

1. Faktor: $$x_1 + \frac{p}{2} + \sqrt{\frac{p^2}{4} - q} = 0$$

$$x_1 = -\frac{p}{2} - \sqrt{\frac{p^2}{4} - q}$$

2. Faktor: $$x_2 + \frac{p}{2} - \sqrt{\frac{p^2}{4} - q} = 0$$

$$x_2 = -\frac{p}{2} + \sqrt{\frac{p^2}{4} - q}$$

Bei praktischen Berechnungen wendet man in der Regel sofort die Lösungsformel an.
Bei Verwendung einfacher Taschenrechner lässt sich je nach Typ eine Tastenfolge entsprechend eingeben.

TIPP Die Formel lässt sich auch vereinfacht schreiben:

$$x_{1,\,2} = -\frac{1}{2}\left(p \pm \sqrt{p^2 - 4\,q}\right).$$

Bei Rechnern, mit denen man Gleichungen lösen kann, genügt die Eingabe der Konstanten p und q bzw. für die allgemeine Form a, b und c.

7.5 Der Satz von VIETA

Der französische Mathematiker *VIETA* (1540–1603) hat eine Beziehung zwischen den Koeffizienten einer quadratischen Gleichung $x^2 + p\,x + q = 0$ und ihren Lösungen x_1, x_2 für den Fall $D \geq 0$ gefunden, nach ihm benannt als ***Satz von VIETA***.

> Für die quadratische Gleichung $x^2 + p\,x + q = 0$ mit den Lösungen x_1, x_2 gilt:
>
> $x_1 + x_2 = -p$ und $x_1\,x_2 = q$.

Umkehrung:
Wählt man zwei Zahlen x_1, x_2 und setzt $x_1 + x_2 = -p$; $x_1 \cdot x_2 = q$, so lassen sich p und q als Koeffizienten einer quadratischen Gleichung $x^2 + p\,x + q = 0$ mit den Lösungen x_1, x_2 auffassen.

BEISPIEL
$x^2 - 2\,x - 3 = 0$ hat die Lösungen $x_1 = 3$, $x_2 = -1$
und es gilt: $x_1 + x_2 = 2\ (= -p)$, $x_1 \cdot x_2 = -3\ (= q)$.

Setzt man in $x^2 + p\,x + q$ für $p = -(x_1 + x_2)$ und $q = x_1\,x_2$, so erhält man durch Umformen:

$$x^2 - (x_1 + x_2)\,x + x_1\,x_2 = 0$$
$$x^2 - x_1\,x - x_2\,x + x_1\,x_2 = 0$$
$$x\,(x - x_1) - x_2\,(x - x_1) = 0$$

$$(x - x_1)(x - x_2) = 0 \qquad (*).$$

Diese Beziehung erlaubt, quadratische Gleichungen mit den Lösungen x_1, x_2 zu konstruieren bzw. in überschaubaren Fällen Gleichungen durch Linearfaktorenzerlegung zu lösen.

BEISPIELE

- Gesucht ist eine quadratische Gleichung mit den Lösungen 3; – 4.
  Nach Gleichung (*) setzt man $(x-3)(x+4)=0$
  und erhält $x^2+x-12=0.$
- $x^2-7x+10=0$ ist zu lösen. Geschickte Zerlegung des linearen Gliedes $-7x$ führt zu

  $$x^2-5x-2x+10=0$$

  und weiter

  $$x(x-5)-2(x-5)=0,$$
  $$(x-5)(x-2)=0 \quad \text{mit} \quad x_1=5, \quad x_2=2.$$

Teste dein Wissen!

Kapitel „Quadratische Gleichungen“	O. K. ✓	Das muss ich noch mal lesen
Ich kann die allgemeine Form einer quadratischen Gleichung angeben und sie auf die Normalform zurückführen.		S. 81, 82
Ich kann quadratische Gleichungen grafisch lösen.		S. 82, 83
Ich kann die quadratischen Gleichungen $x^2 + q = 0$ und $x^2 + p\,x = 0$ lösen.		S. 83–85
Ich kann die allgemeine Lösungsformel für die Normalform der quadratischen Gleichung angeben und anwenden.		S. 85–87
Ich kann den Satz von VIETA und seine Umkehrung erklären und anwenden.		S. 88, 89

Potenzieren, Radizieren, Logarithmieren

8.1 Potenzieren und Umkehroperationen

Das ***Addieren*** ist eine ***Rechenoperation 1. Stufe***. Es ist kommutativ und besitzt genau eine Umkehroperation. In der Gleichung $a + b = c$ führt die Bestimmung der Summanden auf die ***Subtraktion***: $a = c - b$; $b = c - a$.

Das ***Multiplizieren*** ist eine ***Rechenoperation 2. Stufe***. Es ist kommutativ und besitzt genau eine Umkehroperation. In der Gleichung $a \cdot b = c$ führt die Bestimmung der Faktoren auf die ***Division***: $a = c : b$; $b = c : a$.

Das ***Potenzieren*** ist eine ***Rechenoperation 3. Stufe***.

$a^b = c; \quad a \in \mathbb{R}; \quad b \in \mathbb{N}; \quad b > 1$

a **Basis (Grundzahl)**
b **Exponent (Hochzahl)**
c **Potenz(-wert)**

Da b eine natürliche Zahl n ist, kann das Potenzieren als Abkürzung der n-fachen Multiplikation mit sich selbst aufgefasst werden.

$$a^n = \underbrace{a \cdot a \cdot \ldots \cdot a}_{n\text{-mal}}$$

n ist hierbei eine Anzahl. Sie gibt an, wie oft a als Faktor in der Potenz auftritt.
Das Potenzieren ist nicht kommutativ: $a^b \neq b^a$.
In der Gleichung $a^b = c$ führt das Bestimmen der Basis a bzw. des Exponenten b auf zwei verschiedene Umkehroperationen.

1. Umkehrung: ***Radizieren***		2. Umkehrung: ***Logarithmieren***	
$a = \sqrt[b]{c}$	(↗ S. 95 ff.)	$b = \log_a c$	(↗ S. 98 f.)

a … ***Wurzel***
b … ***Wurzelexponent***
c … ***Radikand***

a … ***Logarithmenbasis***
b … ***Logarithmus***
c … ***Numerus***

8.2 Erweiterung des Potenzbegriffs

Die Multiplikation ist ursprünglich aus dem Vervielfachen entstanden, dem abgekürzten Addieren des gleichen Summanden. In älteren Büchern wird daher mitunter noch zwischen den beiden Faktoren eines Produkts unterschieden:

3	·	4	=	3 + 3 + 3 + 3
Multiplikand		Multiplikator		$\underbrace{\qquad\qquad}$
(die zu vervielfachende Zahl)		(Vervielfacher)		4-mal

Der Multiplikator ist eine natürliche Zahl $n > 1$.
In Verallgemeinerung des Vervielfachens zur Multiplikation wird diese Bedingung fallengelassen.

Potenzieren ist zunächst verkürztes Multiplizieren (↗ S. 91). Der Exponent ist also eine natürliche Zahl. Beim Erweitern des Potenzbegriffs wird diese Bedingung fallengelassen.
Die folgenden Beispiele sollen die Definitionen verständlich machen.

Wir wählen dabei z. B. für

$$\frac{5^4}{5} = \frac{5 \cdot 5 \cdot 5 \cdot 5}{5} = 5^3$$

die Schreibweise 5^{4-1} und übertragen sie:

$a^1 = a$	
$a^0 = 1;$	$a \neq 0$
$a^{-1} = \frac{1}{a};$	$a \neq 0$

BEISPIELE

$$\frac{5^2}{5} = \frac{5 \cdot 5}{5} = 5^{2-1} = 5^1 = 5$$

$$\frac{5^2}{5^2} = \frac{5 \cdot 5}{5 \cdot 5} = 5^{2-2} = 5^0 = 1$$

$$\frac{5^2}{5^3} = \frac{5 \cdot 5}{5 \cdot 5 \cdot 5} = 5^{2-3} = 5^{-1} = \frac{1}{5}$$

Weitere Verallgemeinerungen des Potenzbegriffs (↗ S. 94 f.):

$a^{-n} = \frac{1}{a^n};$	$a \neq 0; \quad n \in \mathbb{N}$
$a^{\frac{1}{n}} = \sqrt[n]{a};$	$a > 0; \quad n \in \mathbb{N}; \; n \neq 0$
$a^{\frac{m}{n}} = \sqrt[n]{a^m};$	$a > 0; \quad n, m \in \mathbb{N}; \; n \neq 0$

8.3 Potenzgesetze

Durch die Erweiterungen des Potenzbegriffs (s. o.) sind als Exponenten ganze und gebrochene Zahlen, also beliebige rationale Zahlen zugelassen. Der Potenzbegriff wird schließlich so erweitert, dass der Ausdruck $a^b = c$ einen Sinn erhält, wenn b eine beliebige reelle Zahl ist, $b \in \mathbb{R}$. 8

BEISPIELE

- $3^\pi = x$ Die Potenz kann hierfür nur als rationaler Näherungswert angegeben werden.
  Auf einem Rechner erhält man z. B. für $x \approx 31{,}5443$.

- $5^{\sqrt{2}} \approx 9{,}73852$

Für das Rechnen mit Potenzen gelten Gesetze, die für alle reellen Exponenten gültig sind. Im Folgenden werden diese Gesetze nicht bewiesen, sondern durch Beispiele erläutert, in denen nur rationale Zahlen als Exponenten auftreten.

Für die folgenden fünf ***Potenzgesetze*** gelten im Allgemeinen die Einschränkungen:

$a, b \in \mathbb{R}; \qquad a, b \neq 0; \qquad r, s \in \mathbb{R}.$

1. Potenzen mit gleicher Grundzahl (Basis) werden multipliziert, indem man die Exponenten addiert:

$a^r \cdot a^s = a^{r+s}.$

BEISPIELE

- $3^4 \cdot 3^5 = (3 \cdot 3 \cdot 3 \cdot 3) \cdot (3 \cdot 3 \cdot 3 \cdot 3 \cdot 3) = 3^{4+5} = 3^9$
- $4^5 \cdot 4^{-3} = (4 \cdot 4 \cdot 4 \cdot 4 \cdot 4) \cdot \frac{1}{4 \cdot 4 \cdot 4} = 4^{5+(-3)} = 4^2$
- $2^{\frac{1}{3}} \cdot 2^{\frac{2}{3}} = 2^{\frac{1}{3}+\frac{2}{3}} = 2^{\frac{3}{3}} = 2^1 = 2$
- $x^5 \cdot x^2 = x^{5+2} = x^7$

2. Potenzen mit gleicher Grundzahl (Basis) werden dividiert, indem man die Exponenten subtrahiert:

$\frac{a^r}{a^s} = a^{r-s}.$

BEISPIELE

- $\frac{3^5}{3^3} = \frac{3 \cdot 3 \cdot 3 \cdot 3 \cdot 3}{3 \cdot 3 \cdot 3} = 3^{5-2} = 3^2$
- $\frac{4^6}{4^{-2}} = 4^{6-(-2)} = 4^8$

3. Potenzen mit gleichen Exponenten werden multipliziert, indem man das Produkt der Grundzahlen mit diesem Exponenten potenziert:

$a^r \cdot b^r = (a \cdot b)^r.$

BEISPIEL

- $3^4 \cdot 5^4 = (3 \cdot 3 \cdot 3 \cdot 3) \cdot (5 \cdot 5 \cdot 5 \cdot 5)$
  $= (3 \cdot 5) \cdot (3 \cdot 5) \cdot (3 \cdot 5) \cdot (3 \cdot 5) = (3 \cdot 5)^4$

4. Potenzen mit gleichen Exponenten werden dividiert, indem man den Quotienten der Grundzahlen mit diesen Exponenten potenziert:

$$\frac{a^r}{b^r} = \left(\frac{a}{b}\right)^r.$$

BEISPIELE

- $\frac{3^4}{5^4} = \frac{3 \cdot 3 \cdot 3 \cdot 3}{5 \cdot 5 \cdot 5 \cdot 5} = \frac{3}{5} \cdot \frac{3}{5} \cdot \frac{3}{5} \cdot \frac{3}{5} = \left(\frac{3}{5}\right)^4$
- $\frac{2^{-6}}{8^{-6}} = \left(\frac{2}{8}\right)^{-6}$

5. Eine Potenz wird potenziert, indem man die Exponenten multipliziert:

$$(a^r)^s = a^{r \cdot s}.$$

BEISPIELE

- $(3^2)^4 = 3^2 \cdot 3^2 \cdot 3^2 \cdot 3^2 = (3 \cdot 3) \cdot (3 \cdot 3) \cdot (3 \cdot 3) \cdot (3 \cdot 3)$
  $= 3^{2 \cdot 4} = 3^8$
- $(7^{-2})^3 = 7^{(-2) \cdot 3} = 7^{-6}$

8.4 Radizieren

Wurzelbegriff

Fasst man das Potenzieren als n-faches Multiplizieren des gleichen Faktors a auf, so geht es bei der 1. Umkehrung des Potenzierens, dem Radizieren, um das Auffinden derjenigen Zahl a, die n-mal mit sich selbst multipliziert c ergibt (↗ S. 92).
Anders ausgedrückt: Die Zahl c ist in ein Produkt von n gleichen Faktoren a zu zerlegen.

Die Frage nach der Länge einer Quadratseite bei gegebenem Flächeninhalt führt auf die *Quadratwurzel*.

BEISPIEL

Gegeben sei ein Quadrat mit dem Flächeninhalt $A = 36$. Gesucht ist die Seitenlänge a des Quadrates.

Wegen $A = a^2$ ist also eine Zahl a zu suchen, die mit sich selbst multipliziert 36 ergibt. Dies gilt für $a = 6$, denn $36 = 6^2$. Die Zahl 6 ist die Quadratwurzel aus 36, in Zeichen $\sqrt{36} = 6$.

Bereits die Frage nach der Seitenlänge eines Quadrates mit dem Flächeninhalt 2 führt zu dem Ergebnis, dass Quadratwurzeln auch irrationale Zahlen sein können: $\sqrt{2} = 1{,}4142136\ldots$ Man kann für sie nur rationale Näherungswerte angeben. Diese Entdeckung wurde bereits etwa im 5. Jh. v. Chr. von den Pythagoreern in Griechenland gemacht.

Des Weiteren ist zu beachten, dass negative Zahlen nicht in ein Produkt aus zwei gleichen Faktoren zerlegbar sind.
Auf die Quadratwurzel stößt man beim Lösen der Gleichung $x^2 + q = 0$ (↗ S. 83). In der allgemeinen Definition der Wurzel sind die Eigenschaften der Quadratwurzel als Spezialfall enthalten.

> Unter $\sqrt[n]{a}$ (n-te Wurzel aus a), $n \in \mathbb{N}$, $a \geq 0$ versteht man die nichtnegative Lösung der Gleichung $x^n = a$.

Es ist üblich,

für $n = 1$ kein Wurzelzeichen zu schreiben: $\sqrt[1]{a} = a$,

für $n = 2$ den Wurzelexponenten wegzulassen: $\sqrt[2]{a} = \sqrt{a}$.

Aus der Definition folgt:

$\sqrt[n]{a} \geq 0$	$(\sqrt[n]{a})^n = a$	$\sqrt[n]{a^n} = \lvert a \rvert$
$\sqrt[3]{8} = 2$	$(\sqrt{25})^2 = 25$	$\sqrt{(-5)^2} = \lvert -5 \rvert$

Wurzelgesetze

Durch die Erweiterung des Potenzbegriffs für reelle Exponenten lassen sich Wurzeln als spezielle Potenzen schreiben.

$\sqrt[n]{a} = a^{\frac{1}{n}}$ und $\sqrt[n]{a^m} = a^{\frac{m}{n}}$ (↗ S. 93)

Auf Wurzeln sind daher auch die Potenzgesetze anwendbar (↗ S. 94 f.).

1. $\sqrt[m]{a} \cdot \sqrt[n]{a} = \sqrt[m\,n]{a^{m+n}}$

Die Umschreibung in die Potenzschreibweise macht das deutlich:
$\sqrt[m]{a} \cdot \sqrt[n]{a} = a^{\frac{1}{m}} \cdot a^{\frac{1}{n}} = a^{\frac{1}{m}+\frac{1}{n}} = a^{\frac{n+m}{n\,m}} = \sqrt[m\,n]{a^{m+n}}$.

BEISPIEL

$\sqrt[3]{8} \cdot \sqrt{8} = \sqrt[3 \cdot 2]{8^{3+2}} = \sqrt[6]{8^5} \approx 5{,}657$

In gleicher Weise können die weiteren ***Wurzelgesetze*** durch Anwenden der Potenzschreibweise begründet werden.

BEISPIELE

2. $\frac{\sqrt[m]{a}}{\sqrt[n]{a}} = \sqrt[n\,m]{a^{n-m}}$ — $\sqrt{8} : \sqrt[3]{8} = \sqrt[2 \cdot 3]{8^{3-2}} = \sqrt[6]{8} \approx 1{,}4$

3. $\sqrt[n]{a} \cdot \sqrt[n]{b} = \sqrt[n]{a \cdot b}$ — $\sqrt{2} \cdot \sqrt{8} = \sqrt{16} = 4$

4. $\sqrt[n]{a} : \sqrt[n]{b} = \sqrt[n]{a : b}$ — $\sqrt[3]{16} : \sqrt[3]{2} = \sqrt[3]{16 : 2} = \sqrt[3]{8} = 2$

5. $\sqrt[m]{\sqrt[n]{a}} = \sqrt[m\,n]{a}$ — $\sqrt[3]{\sqrt{64}} = \sqrt[3 \cdot 2]{64} = \sqrt[6]{64} = 2$

8.5 Logarithmieren

Logarithmusbegriff und Logarithmengesetze

Das Auflösen der Gleichung $a^b = c$ nach b führte zum Logarithmieren: $b = \log_a c$ (b ist der ***Logarithmus*** von c zur Basis a).

> Der Logarithmus ist ein Exponent. Es gilt $a^{\log_a c} = c$.

Das Auffinden des Logarithmus heißt ***Logarithmieren***.

Insbesondere ist $\log_a 1 = 0$, denn $a^0 = 1$;
$\log_a a = 1$, denn $a^1 = a$.

Für das Rechnen mit Logarithmen gelten folgende Gesetze:

> 1. $\log_a (u \cdot v) = \log_a u + \log_a v$
> 2. $\log_a (u : v) = \log_a u - \log_a v$
> 3. $\log_a u^v = v \cdot \log_a u$
> 4. $\log_a \sqrt[n]{v} = \dfrac{\log_a v}{n}$

Diese ***Logarithmengesetze*** wurden über Hunderte von Jahren bis in die jüngste Zeit verwendet, um das numerische Rechnen zu erleichtern. Noch bis in die Mitte des 20. Jh. wurde in den höheren Schulen das logarithmische Rechnen gelehrt. Mit logarithmischen Skalen versehene Rechenstäbe (↗ S. 114) gehörten vor wenigen Jahrzehnten zu den alltäglichen Rechenhilfsmitteln der Ingenieure. Erst die elektronischen Rechner verdrängten mechanische Rechenmaschinen und logarithmische Hilfen.

Logarithmisches Rechnen

Am Beispiel des 1. Logarithmengesetzes (s. o.) sei gezeigt, welche Vorteile für das numerische Rechnen sich daraus ergeben. Es besagt, dass der Logarithmus eines Produktes gleich der Summe der Logarithmen der Faktoren ist. Soll ein Produkt $u \cdot v$ berech-

net werden, so kann man die Logarithmen der Faktoren addieren und erhält den Logarithmus des Produktes. Der zugehörige Numerus ist das gesuchte Produkt.
An die Stelle des Multiplizierens (Rechenoperation 2. Stufe) tritt das einfachere Addieren (Rechenoperation 1. Stufe). Voraussetzung ist der Zugriff auf eine ***Logarithmentafel***, aus der die Logarithmen der Zahlen zu einer bestimmten Basis entnommen oder näherungsweise ermittelt werden können.

Als Basis wird in der Regel 10 verwendet. Man spricht dann von ***dekadischen Logarithmen*** und verwendet das Zeichen lg:

$\log_{10} 2 = \lg 2$.

BEISPIEL

Zu berechnen sei das Produkt $x = 302{,}7 \cdot 47{,}9$. Nach dem 1. Logarithmengesetz gilt: $\lg(302{,}7 \cdot 47{,}9) = \lg 302{,}7 + \lg 47{,}9$.

Man bestimmt zunächst die Logarithmen der Faktoren;	$\lg 302{,}7 \approx 2{,}4810$ $\underline{\lg\ \ 47{,}9 \approx 1{,}6803}$
dann bildet man die Summe.	$\lg x \approx 4{,}1613$
Der zugehörige Numerus beträgt	$x \approx 14497$.

Mit jedem Taschenrechner, der über die lg-Funktion verfügt, lässt sich das Beispiel nachvollziehen. Man wird heute natürlich nicht den Umweg über Logarithmen gehen.
Zwei weitere Basen werden bevorzugt genutzt:

$\log_2 a = \mathrm{ld}\, a$ (*Logarithmus dualis*, Basis 2, häufig auch lb *a*, *Binärlogarithmus*)
$\log_e a = \ln a$ (*Logarithmus naturalis*, Basis e, e = 2,718281 …, ***Euler'sche Zahl***)

Taschenrechner verfügen häufig mit den Funktionstasten lg und ln über die Logarithmen zu den Basen 10 und e.

Teste dein Wissen!

Kapitel „Potenzieren, Radizieren, Logarithmieren“	O.K. ✓	Das muss ich noch mal lesen
Ich kann den Zusammenhang zwischen Potenzieren, Radizieren und Logarithmieren beschreiben.		S. 91, 92
Ich kann die Erweiterungen des Potenzbegriffes erläutern.		S. 92, 93
Ich kann die Potenzgesetze anwenden.		S. 93–95
Ich kann den erweiterten Wurzelbegriff erläutern.		S. 95, 96
Ich kann die Wurzelgesetze anwenden.		S. 97
Ich kann den Logarithmusbegriff erläutern.		S. 98, 99

Potenz-, Exponential- und Logarithmusfunktionen

9.1 Begriff *Potenzfunktionen*

BEISPIELE

- Das Weg-Zeit-Gesetz des freien Falles (bei Vernachlässigung des Luftwiderstandes) wird durch die Formel

  $s = \frac{g}{2} t^2$ ausgedrückt.

  s … Weg; t … Zeit; g … Fallbeschleunigung.
  s ist eine Funktion von t, also $s = f(t)$;
  g ist eine Konstante.
- Bei konstanter physikalischer Arbeit W ist die Leistung P abhängig von der Zeit t: $P = f(t)$.
  $P = W \cdot t^{-1}$
- Das Volumen eines Würfels ist von der Kantenlänge a abhängig: $V_W = f(a)$.

  $V_W = a^3$

In allen Beispielen treten die unabhängigen Variablen als Potenzen auf.

> Funktionen der Form $y = x^k$ ($k \in Q$) heißen ***Potenzfunktionen***.

Hierzu gehören $y = x$ (↗ S. 49), $y = x^2$ (↗ S. 68). Treten Koeffizienten und Konstanten hinzu,

$y = a\,x^k + c,$

so bewirken sie Streckung (a) und Verschiebung (c) der Potenzfunktion $y = x^k$ (↗ S. 50 f.). In Abhängigkeit von k weisen Potenzfunktionen unterschiedliche Eigenschaften auf.

9.2 Die Potenzfunktionen $y = x^n$; $n \in \mathbb{Z}$

Die Funktionen $y = x^n$; n gerade; positiv

BEISPIELE

- $y = x^2$
- $y = x^4$

  ⋮
- $y = x^{2m}$ $\quad (m \in \mathbb{N};\ m > 0)$

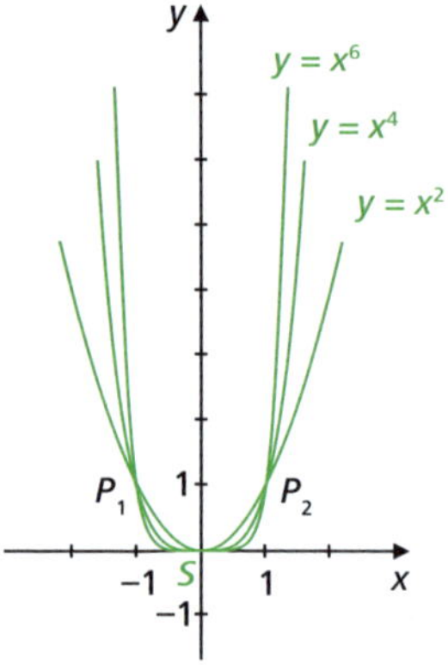

Die Bilder dieser Funktionen im rechtwinkligen Koordinatensystem sind ***Parabeln***.
Das Bild der Funktion $y = x^2$ ist eine Einheitsparabel (↗ S. 68). Eine solche Parabel entsteht z. B. als Schnitt eines Kreiskegels parallel zu einer Mantellinie. Alle Bilder der Funktionen $y = a\,x^2$ sind einander ähnlich (↗ S. 76).
Die Bilder der Funktionen $y = x^{2m}$ $(m > 1)$ werden ebenfalls Parabeln genannt, entstehen aber nicht als Kreiskegelschnitte.

Eigenschaften

Definitionsbereich	$x \in \mathbb{R}$
Wertebereich	$y \in \mathbb{R};\quad y \geq 0$
Beschränktheit	nach unten beschränkt
charakteristische Punkte	$P_1\,(-1,\ 1)$; $P_2\,(1,\ 1)$ $S\,(0,\ 0)$
Nullstellen	$x_0 = 0$
Extremwerte	$S\,(0,\ 0)$ globales Minimum
Monotonie	fallend für $-\infty < x < 0$ wachsend für $0 < x < \infty$
Symmetrie	gerade

Die Funktionen $y = x^n$; n ungerade; positiv

BEISPIELE

- $y = x^3$
- $y = x^5$

  ⋮
- $y = x^{2m-1}$ $(m \in \mathbb{N}; m > 0)$

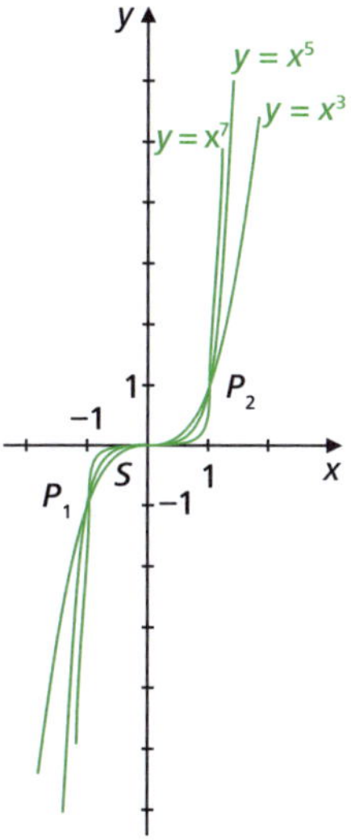

Die lineare Funktion $y = x$ kann als Spezialfall dieser Funktionenschar mit $n = 1$ aufgefasst werden (↗ S. 49). Neben der Linearität besitzt sie alle unten genannten Eigenschaften dieser Funktionenschar. Die Bilder dieser Funktionen werden ebenfalls Parabeln genannt. Das Bild der Funktion $y = x^3$ wird als ***kubische Parabel*** bezeichnet. $S\,(0, 0)$ ist ***Wendepunkt***, d. h., die Kurve geht an dieser Stelle von einer ***Rechts***- in eine ***Linkskrümmung*** über.

9

Eigenschaften

Definitionsbereich	$x \in \mathbb{R}$
Wertebereich	$y \in \mathbb{R}$;
Beschränktheit	–
charakteristische Punkte	$P_1\,(-1, -1)$; $P_2\,(1, 1)$ $S\,(0, 0)$
Nullstellen	$x_0 = 0$
Extremwerte	–
Monotonie	wachsend im gesamten Definitionsbereich
Symmetrie	ungerade

Die Funktionen $y = x^n$; n gerade; negativ

BEISPIELE

- $y = x^{-2}$
- $y = x^{-4}$

  $\vdots$
- $y = x^{-2m} \quad (m \in \mathbb{N}, m > 0)$

Gemäß der Erweiterung des Potenzbegriffes $a^{-n} = \frac{1}{a^n}$ kann man auch schreiben

$$y = \frac{1}{x^2}$$

$$y = \frac{1}{x^4} \quad \text{usw.}$$

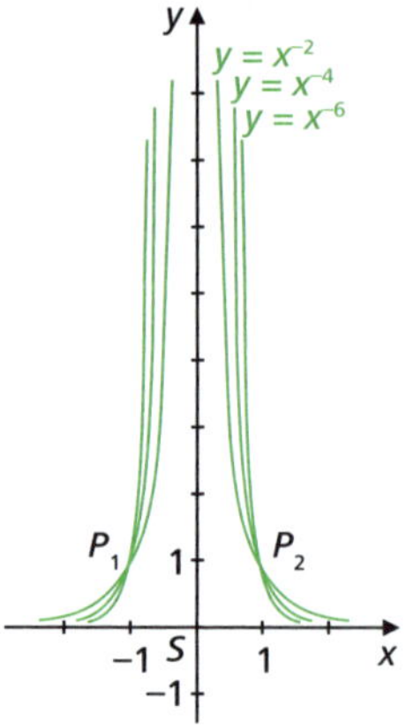

Die Bilder dieser Funktionen bezeichnet man als (gleichseitige) *Hyperbeln*. Sie bestehen jeweils aus zwei *Hyperbelästen*.

Eigenschaften

Definitionsbereich	$x \in \mathbb{R}$; $x \neq 0$
Wertebereich	$y \in \mathbb{R}$; $y > 0$
Beschränktheit	nach unten beschränkt
charakteristische Punkte	$P_1(-1, 1)$; $P_2(1, 1)$
Nullstellen	–
Extremwerte	–
Monotonie	wachsend für $-\infty < x < 0$ fallend für $0 < x < \infty$
Symmetrie	gerade

Die Funktionen $y = x^n$; n ungerade; negativ

BEISPIEL

In ein Bauvorhaben soll ein rechteckiges Grundstück in den Abmessungen 20 m × 30 m einbezogen werden. Dem Eigentümer wird als Ersatz ein gleich großes, ebenfalls rechteckiges Flächenstück von 15 m Breite angeboten.

Wie lang ist die Ersatzfläche?

Nach der Flächeninhaltsformel für das Rechteck
$A = a \cdot b$ errechnet sich die Flächengröße zu
$A = 20\,\text{m} \cdot 30\,\text{m}$
$A = 600\,\text{m}^2$.

Diese Flächengröße soll unverändert (konstant) bleiben. Dann hängen die Seitenlängen a und b funktional voneinander ab:

$a = \frac{A}{b}$ und es gilt:

Je größer (kleiner) b, desto kleiner (größer) a.

Es liegt ***indirekte*** oder ***umgekehrte Proportionalität*** vor. Man spricht auch von ***Produktgleichheit***. Allgemein gilt:

$a \sim \frac{1}{b}$,
$a = A \cdot b^{-1}$.

Die Produktgleichheit zeigt sich beim Graphen der Funktion in der Flächengleichheit aller Rechtecke $a_i \cdot b_i$.

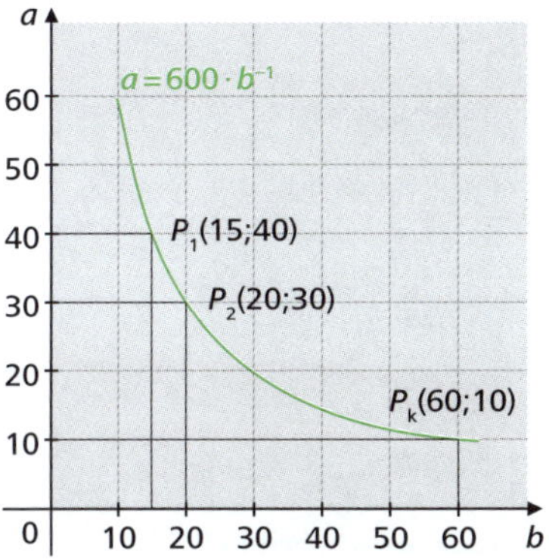

9

Die Funktion im Beispiel (↗ S. 105) führt für den Fall, dass der Koeffizient 1 ist, zur Funktion $y = x^{-1}$, einer Funktion aus der Schar

$y = x^n$; $n \in \mathbb{Z}$; n ungerade; negativ.

BEISPIELE

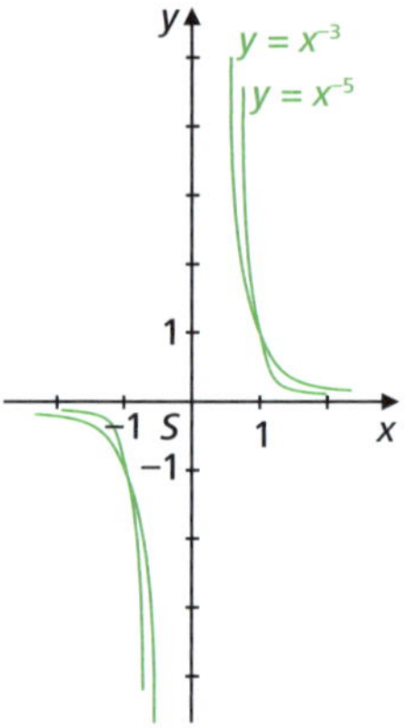

- $y = x^{-3}$ $\left(\text{bzw. } y = \frac{1}{x^3}\right)$
- $y = x^{-5}$ $\left(\text{bzw. } y = \frac{1}{x^5}\right)$

  ⋮
- $y = x^{-2m+1}$ $(m \in \mathbb{N}, m > 0)$

Die Bilder dieser Funktionen bestehen jeweils aus zwei Hyperbelästen, die im I. und III. Quadranten liegen. Die Hyperbeln schmiegen sich den Koordinatenachsen an, ohne sie je zu berühren.

Geraden, denen sich Kurven beliebig annähern, ohne sie zu erreichen, nennt man ***Asymptoten***.

Eigenschaften

Definitionsbereich	$x \in \mathbb{R}$; $x \neq 0$
Wertebereich	$y \in \mathbb{R}$; $y \neq 0$
Beschränktheit	–
charakteristische Punkte	$P_1(-1, -1)$; $P_2(1, 1)$
Nullstellen	–
Extremwerte	–
Monotonie	fallend für $-\infty < x < 0$ und $0 < x < \infty$
Symmetrie	ungerade

9.3 Wurzelfunktionen als spezielle Potenzfunktionen

Durch die Erweiterung des Potenzbegriffs zu $x^{\frac{1}{n}} = \sqrt[n]{x}$ lassen sich Funktionen
$y = \sqrt[n]{x};\ n \in \mathbb{N};\ n > 1$
als spezielle Potenzfunktionen auffassen. Man nennt sie ***Wurzelfunktionen***.

BEISPIELE

- $y = \sqrt{x}$
- $y = \sqrt[3]{x}$

  ⋮
- $y = \sqrt[n]{x}$

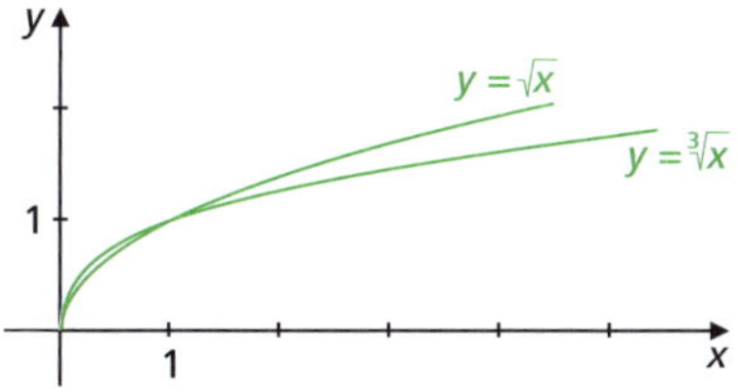

Die Bilder der Wurzelfunktionen sind Parabeläste im I. Quadranten.

Eigenschaften

Definitionsbereich	$x \in \mathbb{R};\quad x \geq 0$
Wertebereich	$y \in \mathbb{R};\quad y \geq 0$
Beschränktheit	nach unten beschränkt
charakteristische Punkte	$S\,(0,\ 0)$; $P\,(1,\ 1)$
Nullstellen	$x_0 = 0$
Extremwerte	–
Monotonie	wachsend für $0 \leq x < \infty$
Symmetrie	–

9

Im Intervall $0 \leq x < \infty$ sind z. B. folgende Funktionen zueinander invers: $y = x^3$ und $y = x^{\frac{1}{3}}$, $y = x^4$ und $y = x^{\frac{1}{4}}$ (↗ S. 69).

9.4 Begriff *Exponentialfunktionen*

Prozesse der Zu- und Abnahme von Größen verlaufen unterschiedlich progressiv.
Liegt eine lineare Funktion zugrunde, so spricht man von ***linearem*** Wachstum (direkte Proportionalität).
Liegt eine Potenzfunktion zugrunde, so spricht man von *potentiellem* Wachstum (z. B. Volumenzunahme eines Würfels bei Verlängerung der Kante).
Eine weitere Form des Wachstums bzw. des Zerfalls liegt in den folgenden Beispielen vor.

BEISPIELE

- Die Vermehrung eines Anfangskapitals K_0 nach n Jahren durch den Auflauf von Zinseszinsen folgt der Formel
  $K_n = K_0 \cdot q^n$ (q … Zinsfaktor; n … unabhängige Variable).
- Der Zerfall eines radioaktiven Elementes vollzieht sich nach dem Gesetz
  $N = n \cdot \mathrm{e}^{-kt}$.
  N … Anzahl der nicht zerfallenen Atome nach der Zeit t
  n … Anzahl der Atome zu Beginn des Prozesses
  e … EULER'sche Zahl (Konstante)
  k … elementspezifische Konstante
  t … abgelaufene Zeit seit Beginn des Prozesses, unabhängige Variable

Diese Vorgänge sind Beispiele für *exponentielles* Wachstum (beziehungsweise für exponentiell verlaufenden Zerfall). Die unabhängige Variable steht im Exponenten. Durch die Erweiterung des Potenzbegriffs auf reelle Exponenten hat der Term a^x für $a \geq 0$ einen Sinn.
Funktionen der Form $y = a^x$; $a > 0$ heißen ***Exponentialfunktionen***. In Abhängigkeit von der Basis a ergeben sich zwei verschiedene Funktionenscharen.

9.5 Eigenschaften von Exponentialfunktionen

Die Funktionen $y = a^x$; $a > 1$

BEISPIELE

- $y = 2^x$
- $y = 10^x$

Die Bilder dieser Funktionen sind gekrümmte Kurven, die vom II. zum I. Quadranten verlaufen.
Die x-Achse ist Asymptote.

Als Basis ist in der Mathematik und den Naturwissenschaften die Zahl e von Bedeutung. Sie ist eine (irrationale) Konstante (EULER'sche Zahl; LEONHARD EULER, 1707–1783):
$e = 2{,}718281\ldots$
Sie tritt u. a. in der Funktion für den radioaktiven Zerfall (↗ Beispiel, S. 108 f.) und z. B. in der Funktion für die Entladung eines Kondensators auf:

$U_C = U \cdot e^{\left(\frac{t}{R \cdot C}\right)}$.

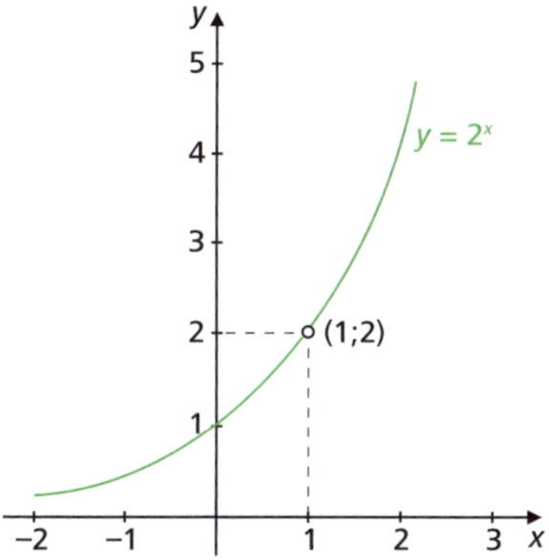

Die Funktion $y = e^x$ wird ***natürliche Exponentialfunktion*** oder kurz ***e-Funktion*** genannt und ist im Allgemeinen auf Rechnern zugängig.

Eigenschaften

Definitionsbereich	$x \in \mathbb{R}$
Beschränktheit	$y > 0$
Monotonie	*wachsend*
charakteristische Punkte	(0; 1)
Nullstellen	–
Extremwerte	–

Die Funktionen $y = a^x$; $0 < a < 1$

BEISPIELE

- $y = \left(\frac{1}{2}\right)^x$
- $y = \left(\frac{1}{10}\right)^x$

Die Bilder dieser Funktionen sind gekrümmte Kurven, die vom II. zum I. Quadranten verlaufen. Die x-Achse ist Asymptote.

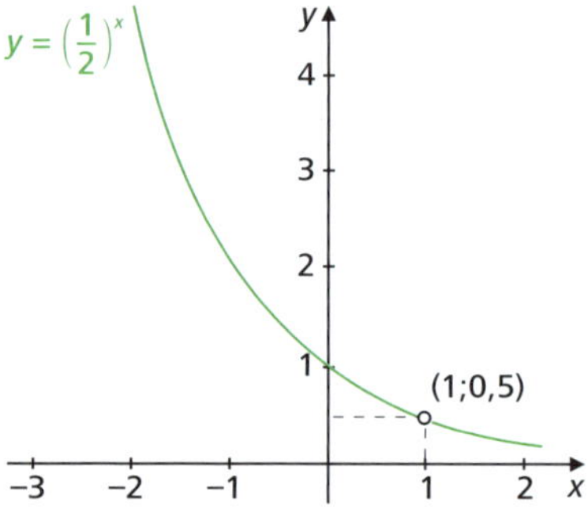

Alle diese Funktionen sind auf $\mathbb{R}$ definiert, nach unten beschränkt ($y > 0$) und im gesamten Definitionsbereich monoton fallend. $P(0; 1)$ ist charakteristischer Punkt. Die Funktionen haben keine Nullstelle und keine Extremwerte.

Beziehungen zwischen den Funktionen $y = a^x$ ($a > 1$) und $y = a^x$ ($0 < a < 1$)

Vergleicht man Exponentialfunktionen mit zueinander reziproken Basen, so liegen ihre Bilder symmetrisch zur y-Achse.

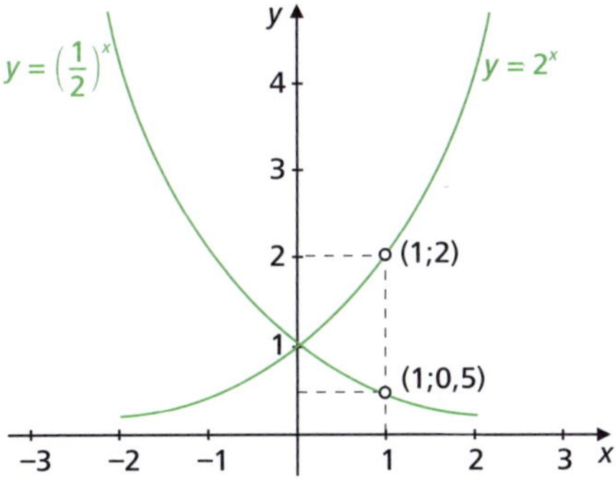

BEISPIELE

- $y = 2^x$ und $y = \left(\frac{1}{2}\right)^x$
- $y = \left(\frac{11}{10}\right)^x$ und $y = \left(\frac{10}{11}\right)^x$

9.6 Begriff *Logarithmusfunktionen*

Kehrt man die Exponentialfunktion $y = a^x$, $a > 0$ um, so ist (nach Variablentausch) $x = a^y$ nach y, also nach dem Exponenten, aufzulösen. Man erhält $y = \log_a x$, $a > 0$.

Sie heißt ***Logarithmusfunktion*** zur Basis a.

Als Umkehrfunktionen zu den Exponentialfunktionen sind in Abhängigkeit von der Basis a zwei Scharen zu unterscheiden:

$y = \log_a x, \quad a > 1$
monoton wachsend

BEISPIELE

- $y = \mathrm{ld}\, x$
- $y = \lg x$
- $y = \ln x$

(↗ S. 99)

$y = \log_a x, \quad 0 < a < 1$
monoton fallend

BEISPIELE

- $y = \log_{\frac{1}{2}} x$
- $y = \log_{\frac{1}{10}} x$

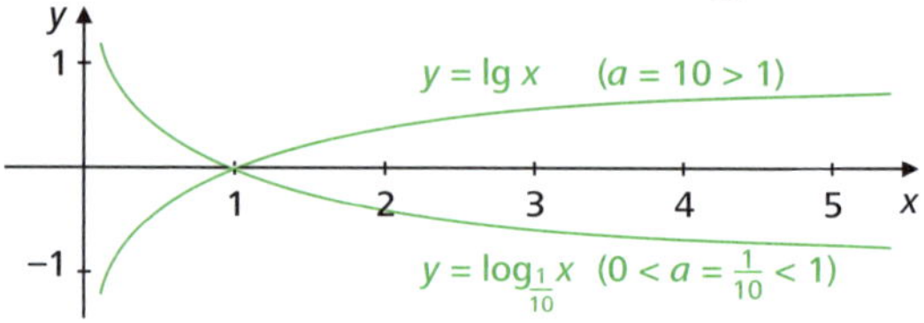

Die Funktionen $y = \log_a x$ und $y = \log_{\frac{1}{a}} x$ verlaufen symmetrisch zur x-Achse und es gilt:

$\log_a x = -\log_{\frac{1}{a}} x.$

Eigenschaften

Definitionsbereich	$x \in \mathbb{R}, \quad x > 0$
Wertebereich	$y \in \mathbb{R}$
Beschränktheit	–
charakteristische Punkte	(1; 0)
Nullstellen	$x_0 = 1$

9.7 Logarithmische Skalen

Entstehung der Skalen

Schreibt man im Koordinatensystem mit dem Bild der Funktion $y = \lg x$ auf der y-Achse an Stelle der Logarithmen (y-Werte) die zugehörigen Numeri (x-Werte), so entsteht eine ***logarithmische Skala***. Im Gegensatz zu gleichmäßig geteilten Skalen, wie sie in kartesischen Koordinatensystemen benutzt werden, ist die logarithmische Skala ungleichmäßig geteilt.

Logarithmische Skala

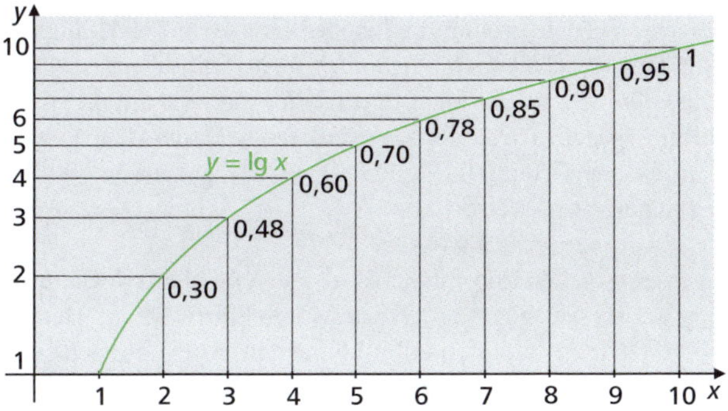

Die hier angegebenen Logarithmen sind Näherungswerte.

Logarithmische Skalen befinden sich auf den früher verbreitet genutzten Rechenstäben. Da die Logarithmen die Grundlage der Skalen sind, aber die Numeri auf den Skalen stehen, entspricht z. B. der Streckenaddition (Addition von Logarithmen) nach dem Gesetz $\lg a + \lg b = \lg (a \cdot b)$ die Multiplikation der Numeri (↗ S. 98 f.).

BEISPIEL

$2 \cdot 3 = 6 \qquad \lg 2 + \lg 3 = \lg (2 \cdot 3)$

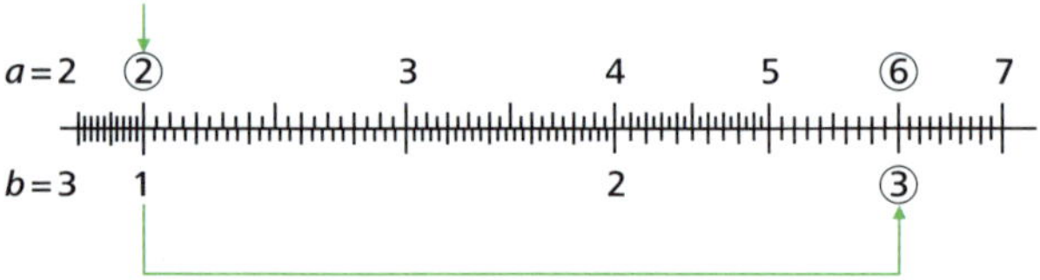

Logarithmische Koordinatensysteme

Trägt man in einem Koordinatensystem auf der y-Achse statt der üblichen gleich großen Einheitsstrecken eine logarithmische Skala ab, so erhält man ein ***einfach-logarithmisches Koordinatensystem***. Da auf der logarithmischen Skala die Numeri anstelle der Logarithmen aufgetragen sind, erscheint der Ursprung des Koordinatensystems als Punkt (0, 1) und es gibt auf der y-Achse keine negativen Werte.

In einem solchen Koordinatensystem nehmen Funktionskurven eine andere Gestalt an als in kartesischen Koordinatensystemen. So erscheinen Exponentialfunktionen in einem einfach-logarithmischen Koordinatensystem als Geraden:

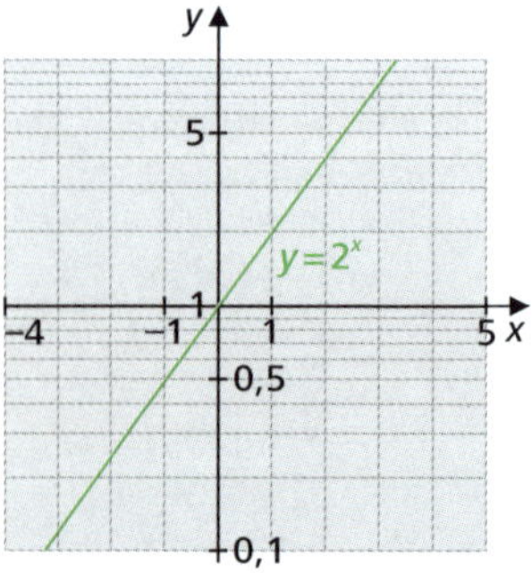

Lineare Funktionen dagegen können nur für $x > 0$ und $y > 0$ abgebildet werden und erscheinen als gekrümmte Kurven:

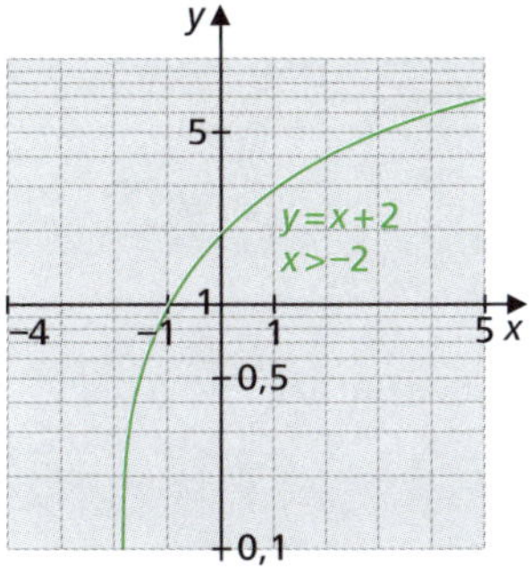

Bringt man auf beiden Achsen logarithmische Teilungen an, so erhält man ein ***doppelt-logarithmisches Koordinatensystem***. Potenzfunktionen werden für $x > 0$ als Geraden abgebildet:

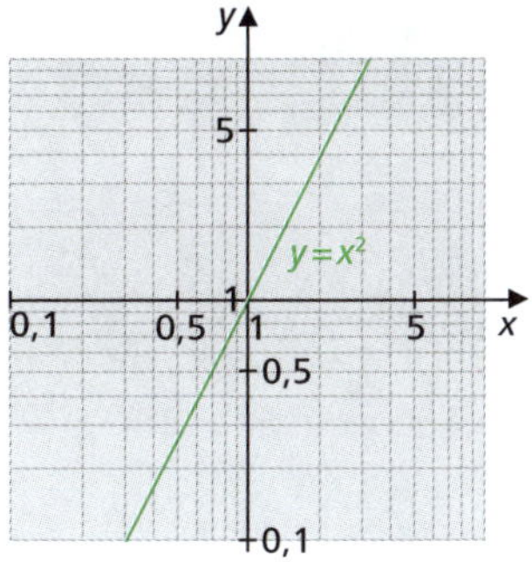

Teste dein Wissen!

Kapitel „Potenz-, Exponential- und Logarithmusfunktionen“	O. K. ✓	Das muss ich noch mal lesen
Ich kann die Eigenschaften der Funktion $y = x^n$ nennen und ihren Graphen in Abhängigkeit von n beschreiben.		S. 102–106
Ich kann die Wurzelfunktion als spezielle Potenzfunktion deuten, ihre Eigenschaften angeben und sie grafisch darstellen.		S. 107
Ich kann Kurven der Funktion $y = a^x$ in Abhängigkeit von a unterscheiden.		S. 109–111
Ich kann den typischen Verlauf von Kurven der Logarithmusfunktion beschreiben und skizzieren.		S. 112
Ich kann erläutern, wie logarithmische Skalen und Koordinatensysteme konstruiert werden.		S. 113–115

Winkelfunktionen (Trigonometrische Funktionen)

10.1 Begriff

Anwendungen

- Ein schwingendes Fadenpendel erreicht bei φ_0 seine größte Auslenkung y_{max}.
  Unter der Auslenkung y (oder Elongation) versteht man den Abstand, den ein schwingender Körper zur Ruhe- oder Mittellage hat.

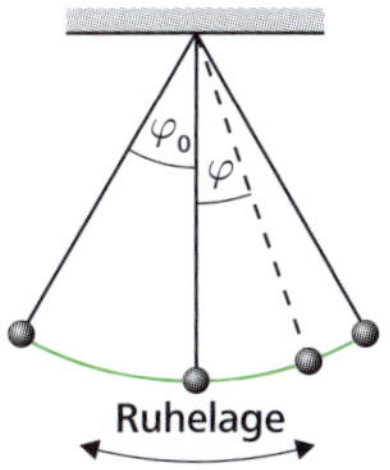

Sieht man von konkreten physikalischen Eigenschaften des Pendels (Fadenlänge, Körperausdehnung, Reibungswiderstand u. dgl.) ab, betrachtet man also ein abstraktes mathematisches Pendel, so lässt sich die Auslenkung y in Abhängigkeit von der Zeit t nach der Funktion

$$y(t) = y_{max} \cdot \sin \omega t$$

bestimmen. Dabei ist ω die Kreisfrequenz oder Winkelgeschwindigkeit und $\omega \cdot t = \varphi$ der Phasenwinkel. Die Funktionskurve beschreibt den Verlauf einer harmonischen Schwingung.

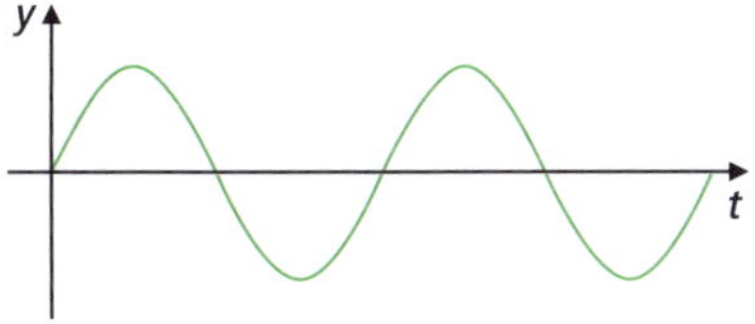

- Für Berechnungen in beliebigen Dreiecken (Trigonometrie) stehen Formeln zur Verfügung, in denen auf Winkel bezogene Verhältnisse auftreten, z. B. im Kosinussatz (↗ S. 151 f.):

  $a^2 = b^2 + c^2 - 2\,a\,b\cos\gamma.$

Gesetzmäßigkeiten, denen mechanische oder elektromagnetische Schwingungen und Wellen unterliegen, oder Beziehungen in geometrischen Figuren, in denen Winkelgrößen eine Rolle spielen, werden mathematisch mithilfe von ***Winkelfunktionen*** (bezeichnet auch als ***trigonometrische Funktionen***) beschrieben.

Erweiterung des Winkelbegriffs: Gradmaß – Bogenmaß

Unterteilt man einen Kreis in 360 Sektoren, so erhält man die Einheit für das ***Gradmaß*** für Winkel: 1° (ein ***Grad***).

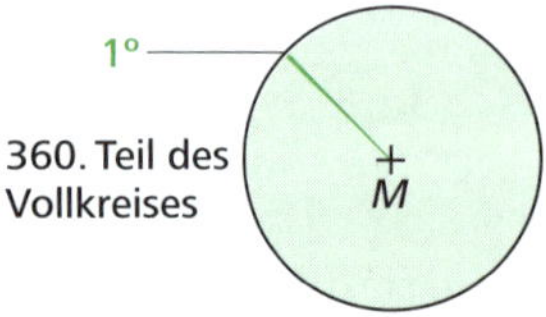

Kleinere Einheiten:
1′ ***(Bogenminute)***; 60′ = 1°
1′′ ***(Bogensekunde)***; 60′′ = 1′

Betrachtet man einen Strahl *s*, der um *M* rotiert, und berücksichtigt noch die ***Drehrichtung (Drehsinn)***, so kann der ***Winkelbegriff*** auf Winkel über 360° hinaus und auf negative Winkel erweitert werden.

BEISPIELE

- *s* sei $1\frac{1}{2}$-mal um *M* im ***mathematisch positiven Drehsinn*** (entgegen dem Uhrzeigersinn) rotiert. Dann hat er einen Winkel von 540° beschrieben.

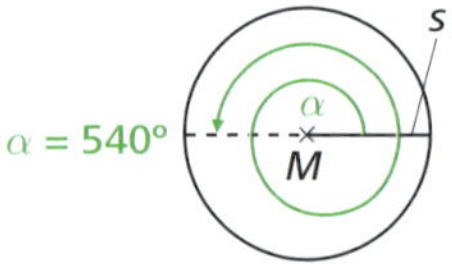

- s sei um einen Viertelkreis um M im ***mathematisch negativen Drehsinn*** (im Uhrzeigersinn) rotiert. Dann hat er einen Winkel von – 90° beschrieben.

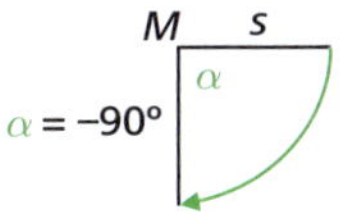

Als Winkelgröße kann auch die Länge des zum Winkel α gehörenden Bogens im Einheitskreis ($r = 1$) verwendet werden.
Es gilt: $b : \alpha = u : 360°$.
Wegen $u = 2\pi$ im Einheitskreis ergibt sich $b : \alpha = 2\pi : 360°$.

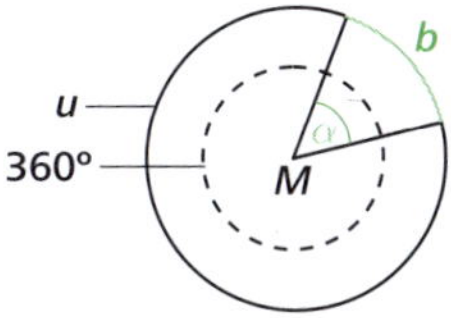

$b = \frac{\pi \cdot \alpha}{180°}$ b heißt ***Bogenmaß*** des Winkels α oder *arc* α (arcus alpha). Die Einheit ist ***1 rad (Radiant)***.

1 rad $\triangleq 180° : \pi \approx 57{,}3°$
1° $\triangleq \pi : 180° \approx 0{,}017$ rad

Gradmaß	0°	30°	45°	60°	90°	180°	270°	360°	540°	720°
Bogenmaß	0	$\frac{\pi}{6}$	$\frac{\pi}{4}$	$\frac{\pi}{3}$	$\frac{\pi}{2}$	π	$\frac{3\pi}{2}$	2π	3π	4π

Definitionen der Winkelfunktionen

Häufig werden Winkelfunktionen zunächst am rechtwinkligen Dreieck definiert (↗ S. 144). Allgemein kann man von einem Kreis im Koordinatensystem ausgehen.
Der Punkt P eines Kreises mit dem Radius r um den Ursprung eines Koordinatensystems habe

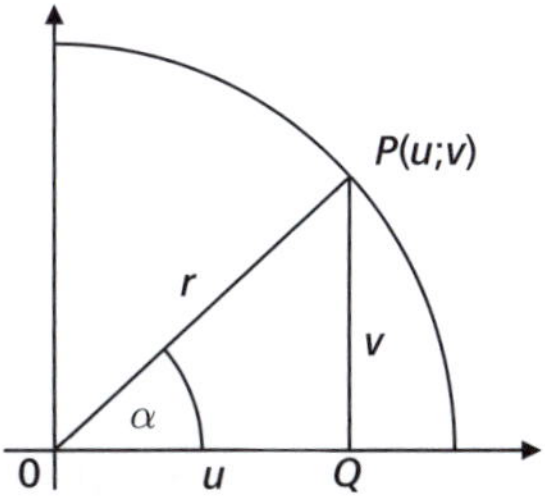

die Koordinaten u und v. α sei der Winkel zwischen Abszissenachse (x-Achse) und Radius. Als Beziehungen zwischen den genannten Größen werden definiert:

$\sin\alpha = v : r$	***Sinus***	des Winkels α
$\cos\alpha = u : r$	***Kosinus***	des Winkels α
$\tan\alpha = v : u$	***Tangens***	des Winkels α
$\cot\alpha = u : v$	***Kotangens***	des Winkels α

Die Größe dieser Verhältnisse ist ausschließlich durch den Winkel bestimmt. So gilt z. B.: $\sin\alpha = v_1 : r_1 = v_2 : r_2$.

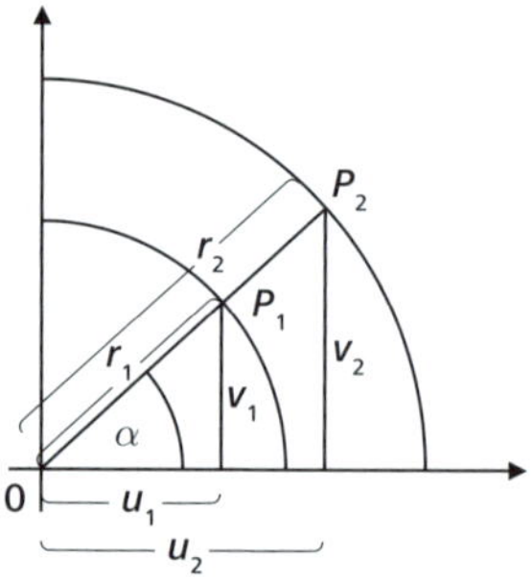

Deshalb können diese Verhältnisse auch am Einheitskreis erklärt werden und erscheinen dort als Maßzahlen von Strecken:

$\sin\alpha = \overline{PQ}$, $\cos\alpha = \overline{OQ}$,
$\tan\alpha = \overline{RS}$, $\cot\alpha = \overline{VT}$.

Wird einem Winkel x jeweils die reelle Zahl $\sin x$ zugeordnet, so ist dadurch eine Funktion bestimmt: $y = \sin x$. Sie heißt ***Sinusfunktion***. Analog werden definiert:

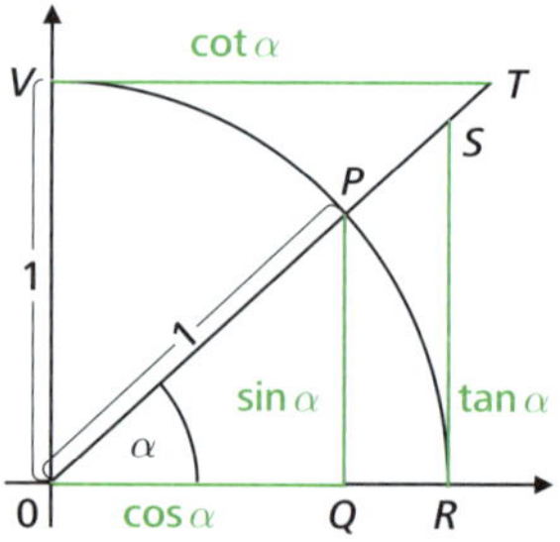

$y = \cos x$ als ***Kosinusfunktion***,
$y = \tan x$ als ***Tangensfunktion***,
$y = \cot x$ als ***Kotangensfunktion***.

Man nennt diese Funktionen ***Winkelfunktionen*** oder, wegen ihrer Verwendung in der Dreiecksberechnung (Trigonometrie), ***trigonometrische Funktionen***.

10.2 Sinusfunktion

Die Sinusfunktion im Einheitskreis

Bewegt sich ein Punkt $P(u, r)$ auf einem Einheitskreis mit M im Koordinatenursprung, so verändert sich seine Ordinate $v = \sin x$ in Abhängigkeit vom Winkel x.
Bildet man die geordneten Paare $(x, \sin x)$ in einem anderen Koordinatensystem ab, so erhält man die ***Sinuskurve***. Der Graph der Sinusfunktion hat die Form einer Wellenlinie.

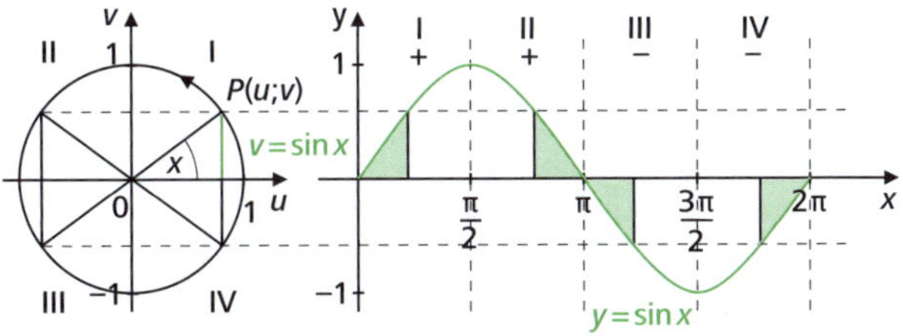

Im Bild sind die Sinuswerte für die Winkel x, $\pi - x$, $\pi + x$ und $2\pi - x$ hervorgehoben. Sie haben alle den gleichen Betrag, unterscheiden sich allenfalls durch das Vorzeichen.

Alle im Intervall $\left[0, \frac{\pi}{2}\right]$ auftretenden Funktionswerte kehren betragsmäßig im Bereich $x > \frac{\pi}{2}$ wieder.

10

Folgende Beziehungen lassen sich ablesen:
- $\sin(\pi - x) = \sin x$,
- $\sin(\pi + x) = -\sin x$,
- $\sin(2\pi - x) = -\sin x$.

In der Abbildung oben wurden die Quadrantenbezeichnungen des u-v-Koordinatensystems auf die entsprechenden Intervalle des x-y-Systems übertragen, woraus die Vorzeichen der Sinuswerte abgelesen werden können.

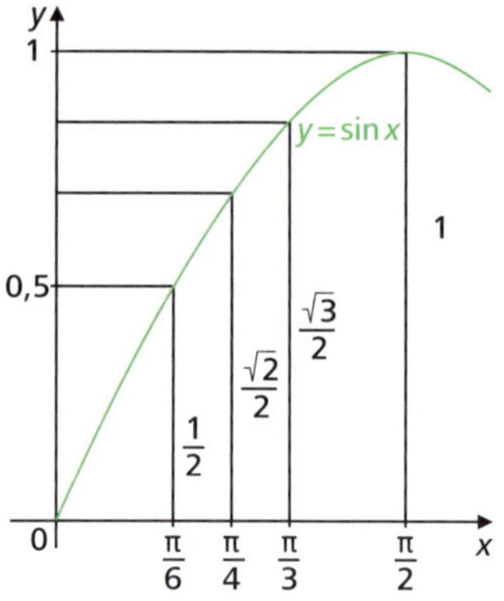

Die Sinusfunktion für beliebige Winkel

Entsprechend der Erweiterung des Winkelbegriffs (↗ S. 118 f.) lässt sich der Definitionsbereich der Sinusfunktion auf beliebige Winkel ausdehnen. Die Funktionskurve zeigt dann folgenden Verlauf:

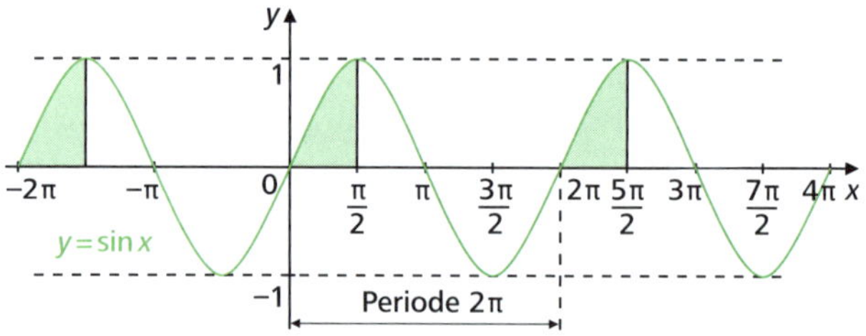

Eigenschaften

Definitionsbereich	$x \in \mathbb{R}$
Wertebereich	$y \in \mathbb{R}; \quad -1 \leq y < 1$
Beschränktheit	nach oben und unten beschränkt

Eine besondere Eigenschaft der Sinusfunktion (wie auch der anderen trigonometrischen Funktionen, ↗ S. 121 ff.) ist ihre ***Periodizität***. Aus dem Verlauf ist zu erkennen, dass die Funktionswerte im Abstand 2π links und rechts vom Ursprung wiederkehren. Dieser Abstand heißt Periode. Insbesondere kehrt der Kurvenabschnitt des Intervalls $\left[0, \frac{\pi}{2}\right]$ immer wieder, in dem bereits alle Sinuswerte (bis auf das Vorzeichen) auftreten (↗ S. 122). Die Periodizität bestimmt die folgenden *Eigenschaften*.

Nullstellen	$x_0 = k\pi,$	$k \in \mathbb{Z}$
Extremwerte	$x = \frac{\pi}{2} + 2k\pi,$	$k \in \mathbb{Z}$ (lokale Maxima)
	$x = -\frac{\pi}{2} + 2k\pi,$	$k \in \mathbb{Z}$ (lokale Minima)
Monotonie	wachsend für die Intervalle	$\left(-\frac{\pi}{2} + 2k\pi, \frac{\pi}{2} + 2k\pi\right)$
	fallend für die Intervalle	$\left(\frac{\pi}{2} + 2k\pi, 3\frac{\pi}{2} + 2k\pi\right)$
Symmetrie	ungerade	$(\sin(-x) = -\sin x)$

Die Funktionen $y = a \cdot \sin(bx + c) + d$

In Anwendungen der Sinusfunktionen treten meist noch Koeffizienten hinzu, die den Kurvenverlauf beeinflussen. Auf grafikfähigen Rechnern lässt sich durch wechselnde Eingabe der Parameter rasch dieser Einfluss erkennen.

Die Funktion $y = a \cdot \sin x$

Der Faktor a bewirkt eine ***Ordinatenstreckung*** im Vergleich zu $y = \sin x$. Der Wertebereich verändert sich zu $-a \leq y \leq a$. Das wirkt sich auf die Ordinaten der Extremstellen aus. Der größte Ausschlag einer wellenförmigen Schwingung heißt ***Amplitude***. Für $y = \sin x$ beträgt sie 1, für $y = a \sin x$ ist sie $|a|$.

Es bedeutet

- $|a| > 1$ ***Streckung***,
- $|a| < 1$ ***Stauchung***,
- $a < 0$ ***Spiegelung*** an der x-Achse.

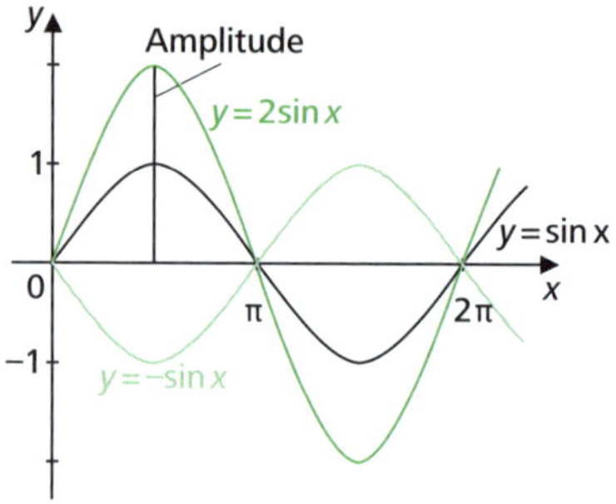

Die Funktion $y = \sin (b x)$

Der Faktor b beim Argument x bewirkt eine *Veränderung der Periode* gegenüber $y = \sin x$. Sie verkürzt sich für $|b| > 1$ und verlängert sich für $|b| < 1$. Bei zeitabhängigen Schwingungen ist die Länge der Periode auch bestimmend für die ***Frequenz***, d.h. die Anzahl der Schwingungen (Perioden) in der Zeiteinheit. Des Weiteren beeinflusst b die Nullstellen, Extremstellen und die Monotonieintervalle.

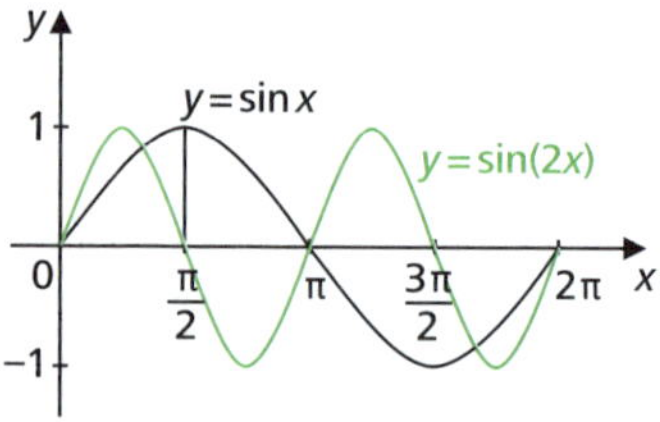

Die Funktion $y = \sin(x + c)$

Der Summand c bewirkt gegenüber der Funktion $y = \sin x$ eine *Verschiebung in Richtung* der *x-Achse* um $-c$ (↗ S. 71). In Anwendungen spricht man auch von ***Phasenverschiebung***.

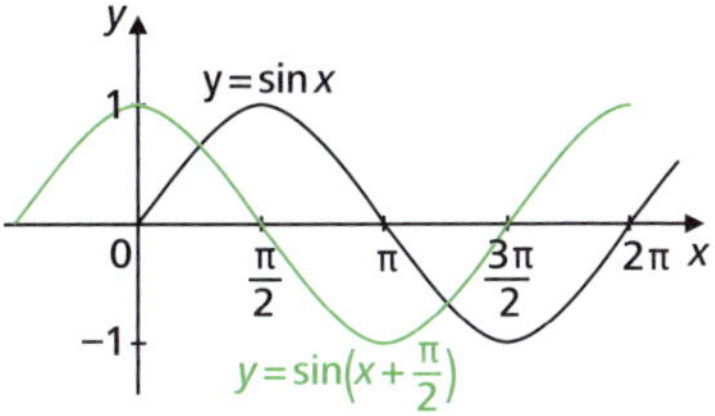

Die Funktion $y = \sin x + d$

Der Summand d bewirkt gegenüber der Funktion $y = \sin x$ eine *Verschiebung in Richtung* der *y-Achse*. Für $-1 > d > 1$ existieren keine Nullstellen.

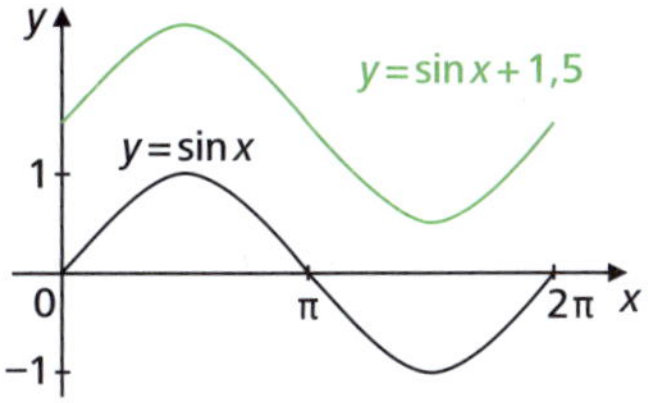

10

Die Funktion $y = a \cdot \sin(b\,x + c) + d$

Man formt um zu $y = a \cdot \sin\left[b\left(x + \frac{c}{b}\right)\right] + d$.

- a … größter bzw. kleinster Funktionswert ($|a|$ *Amplitude*)
- b … $\frac{2\pi}{b}$ *Periode* (bestimmend für die *Frequenz*)
- $\frac{c}{b}$ … $-\frac{c}{b}$ Verschiebung in Richtung der x-Achse (*Phasenverschiebung*)
- d … Verschiebung in Richtung der y-Achse

10.3 Kosinusfunktion

Die Kosinusfunktion im Einheitskreis

Bildet man die geordneten Paare (x, $\cos x$) in einem Koordinatensystem ab, so erhält man den Verlauf der Kosinusfunktion.

Die Kosinuskurve ist eine um $\frac{\pi}{2}$ verschobene Sinuskurve.

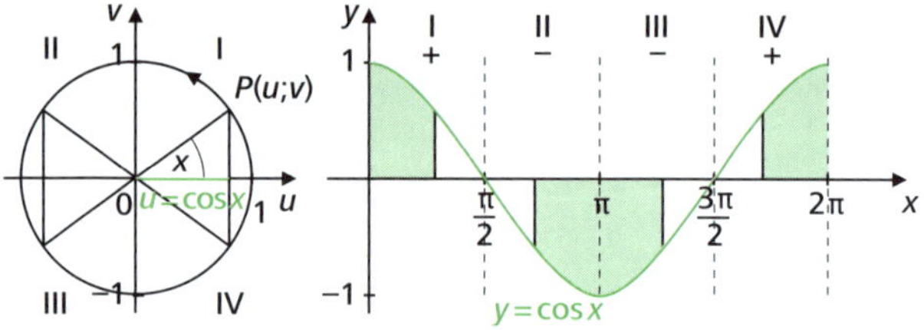

Es gilt:

- $\cos(\pi - x) = -\cos x$,
- $\cos(\pi + x) = -\cos x$,
- $\cos(2\pi - x) = \cos x$.

Die Kosinusfunktion für beliebige Winkel

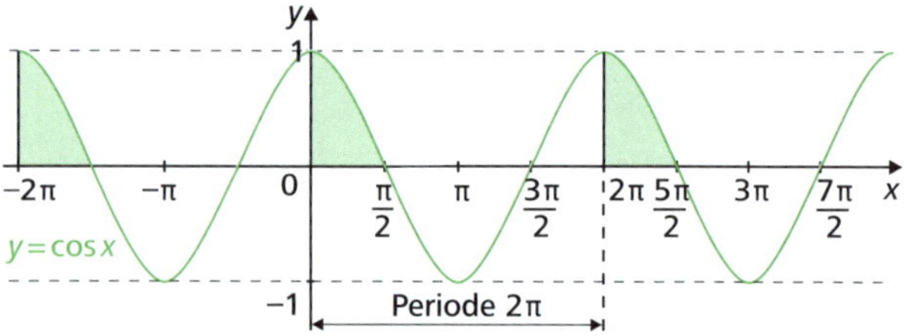

Eigenschaften

Definitionsbereich	$x \in \mathbb{R}$
Wertebereich	$y \in \mathbb{R}; \quad -1 \leq y < 1$

Beschränktheit	nach oben und unten beschränkt
Nullstellen	$x_0 = \frac{\pi}{2} + k\pi, \quad k \in \mathbb{Z}$
Extremwerte	$x = 2k\pi, \quad k \in \mathbb{Z}$ (lokale Maxima) $x = \pi + 2k\pi, \quad k \in \mathbb{Z}$ (lokale Minima)
Monotonie	wachsend für die Intervalle $(\pi + 2k\pi, 2\pi + 2k\pi)$ fallend für die Intervalle $(0 + 2k\pi, \pi + 2k\pi)$
Symmetrie	gerade $(\cos x = \cos(-x))$

10.4 Tangensfunktion

BEISPIELE

- Steigung einer Straße

  Die Angabe der ***Steigung*** einer Straße mit 8 % bedeutet, dass die Straße auf 100 m horizontale Entfernung ($l = \overline{OF}$) um 8 m ($h = \overline{HF}$) ansteigt.

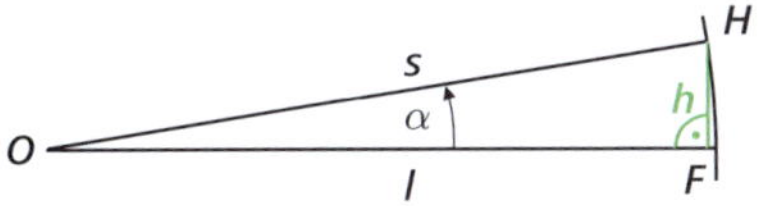

  Das Verhältnis $h : l = 8 : 100 = 0{,}08$ ist gleich dem Tangens des Winkels α.

  Der zugehörige Winkel zum Verhältnis $h : l = 0{,}08$ beträgt ca. 4,5°. Man kann also auch sagen, dass die Straße im Winkel von 4,5° steigt.

- Anstieg der Funktion $y = m\,x$

  Im Kreis um O mit $r = \overline{OP}$ gilt $\tan\alpha = \frac{m}{1} = m$. m ist der Anstieg von $y = m\,x$ (↗ S. 50).

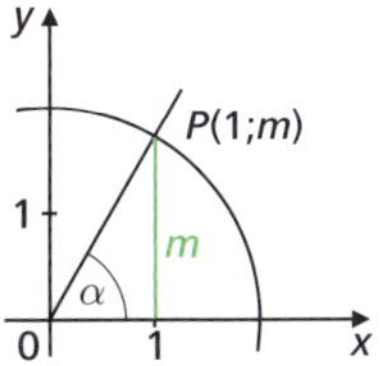

Im Einheitskreis ist der Tangens des Winkels x gleich der Ordinate des Schnittpunktes S des Schenkels $\overline{OP}$ mit der Parallelen zur y-Achse durch den Punkt $F(1, 0)$ (↗ S. 120).
Mit dem Anwachsen von x wächst auch $\tan x$ sehr rasch, wird nahe $\frac{\pi}{2}$ unbegrenzt groß und kann für $x = \frac{\pi}{2}$ nicht mehr als Zahl angegeben werden.

Jedem Winkel x $\left(x \neq \frac{\pi}{2}; 3\,\frac{\pi}{2}\right)$ wird $\tan x$ zugeordnet:
$y = \tan x$.

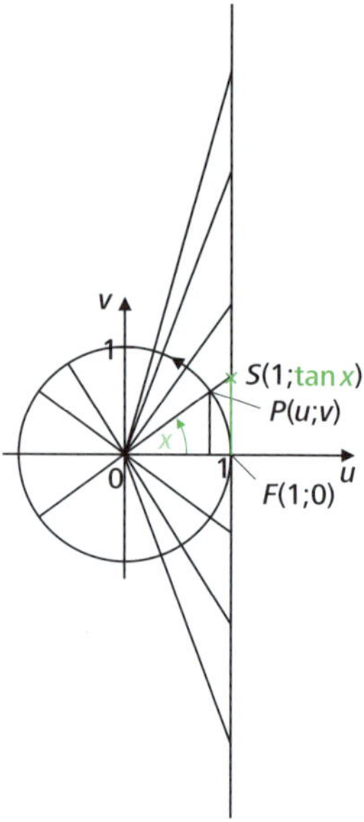

Die Tangensfunktion für beliebige Winkel
Überträgt man die geordneten Paare $(x, \tan x)$ aus dem u-v-Koordinatensystem mit dem Einheitskreis (s. o.) in ein x-y-Koordinatensystem, so erhält man die Tangenskurve.
Sie hat die Periode π. Die im Intervall $\left(0, \frac{\pi}{2}\right)$ auftretenden Funktionswerte kehren dem Betrag nach ständig wieder.
An den Stellen $x_p = \frac{\pi}{2} + k\,\pi$ $(k \in \mathbb{Z})$ wächst die Funktion über alle Grenzen.

Diese Stellen heißen ***Pole*** der Funktion. Dort schmiegt sich die Tangenskurve asymptotisch an die Parallelen zur y-Achse durch die Punkte $P\left(\frac{\pi}{2} + k\,\pi, 0\right)$ an.

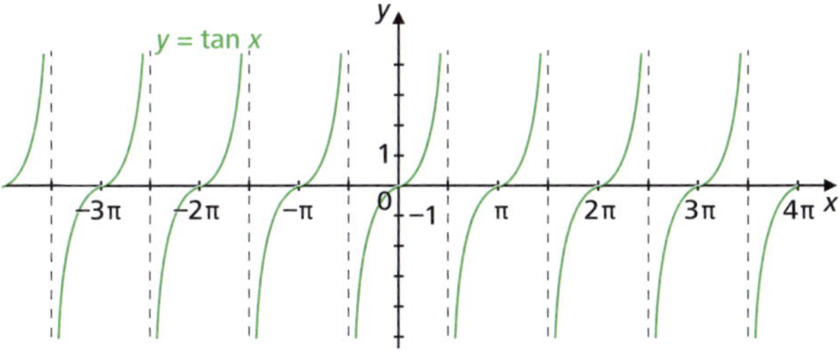

Eigenschaften

Definitionsbereich	$x \in \mathbb{R}, \quad x \neq \frac{\pi}{2} + k\pi \qquad (k \in \mathbb{Z})$
Wertebereich	$y \in \mathbb{R}$
Beschränktheit	nicht beschränkt
Nullstellen	$x_0 = k\pi \qquad (k \in \mathbb{Z})$
Extremwerte	–
Pole	$x_p = \frac{\pi}{2} + k\pi \qquad (k \in \mathbb{Z})$
Monotonie	wachsend für die Intervalle $\left(-\frac{\pi}{2} + k\pi, \frac{\pi}{2} + k\pi\right)$
Symmetrie	ungerade $\qquad (\tan(-x) = -\tan x)$

10.5 Kotangensfunktion

Gegeben sei ein Einheitskreis im Koordinatensystem. Die Parallele zur x-Achse im Punkt A (0; 1) schneidet den Schenkel $\overline{OP}$ des Winkels x im Punkt T mit den Koordinaten ($\cot x$; 1). Die Strecke AT entspricht dem $\cot x$.

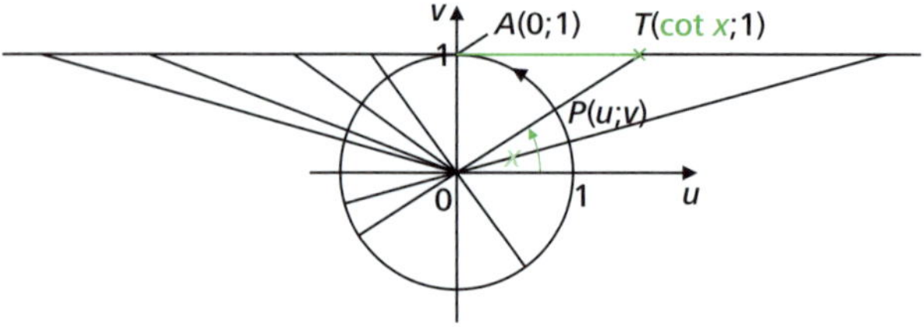

Bildet man die geordneten Paare (x, cot x) in einem x-y-Koordinatensystem ab, so erhält man das Bild der Kotangensfunktion mit der Periode π und Polen an den Stellen $x_p = k\,\pi$; $k \in \mathbb{Z}$.

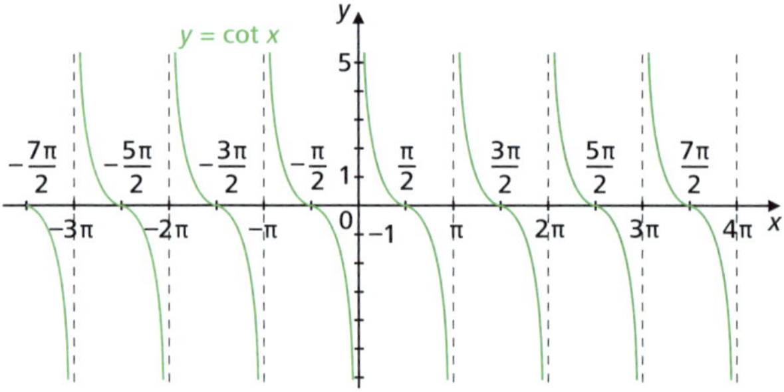

Eigenschaften

Definitionsbereich	$x \in \mathbb{R}, \quad x \neq k\,\pi$	$(k \in \mathbb{Z})$
Wertebereich	$y \in \mathbb{R}$	
Beschränktheit	nicht beschränkt	
Nullstellen	$x_0 = \frac{\pi}{2} + k\,\pi,$	$(k \in \mathbb{Z})$
Pole	$x_p = k\,\pi,$	$(k \in \mathbb{Z})$
Monotonie	fallend für die Intervalle $(0 + k\,\pi,\ \pi + k\,\pi)$	
Symmetrie	ungerade	$(\cot(-x) = -\cot x)$

10.6 Beziehungen zwischen den Winkelfunktionen

Im rechtwinkligen Dreieck *OAP* gilt nach dem Satz des PYTHAGORAS:

$v_2 + u_2 = 1$

$\sin^2 \alpha + \cos^2 \alpha = 1.$

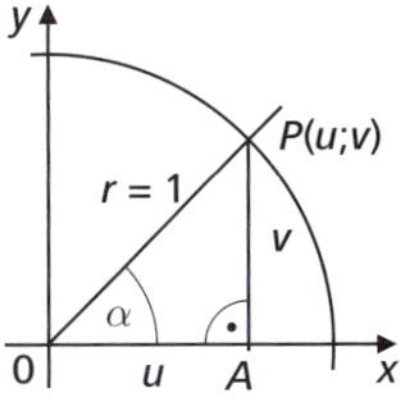

Eine Winkelbeziehung kann durch andere ausgedrückt werden:

Aus $\tan \alpha = \frac{v}{u}$ und $\cot \alpha = \frac{u}{v}$ folgt

$\tan \alpha = \frac{1}{\cot \alpha}$ und $\cot \alpha = \frac{1}{\tan \alpha}.$

Aus $\sin \alpha = v$ und $\cos \alpha = u$ folgt

$\frac{\sin \alpha}{\cos \alpha} = \tan \alpha$ und $\frac{\cos \alpha}{\sin \alpha} = \cot \alpha.$

Die Betrachtung *einer Beziehung* reicht aus. Aus diesen Beziehungen lassen sich weitere Zusammenhänge berechnen.

	Sinus	Kosinus	Tangens	Kotangens
$\sin \alpha =$	$\sin \alpha$	$\sqrt{1-\cos^2 \alpha}$	$\frac{\tan \alpha}{\sqrt{1+\tan^2 \alpha}}$	$\frac{1}{\sqrt{1+\cot^2 \alpha}}$
$\cos \alpha =$	$\sqrt{1-\sin^2 \alpha}$	$\cos \alpha$	$\frac{1}{\sqrt{1+\tan^2 \alpha}}$	$\frac{\cot \alpha}{\sqrt{1+\cot^2 \alpha}}$
$\tan \alpha =$	$\frac{\sin \alpha}{\sqrt{1-\sin^2 \alpha}}$	$\frac{\sqrt{1-\cos^2 \alpha}}{\cos \alpha}$	$\tan \alpha$	$\frac{1}{\cot \alpha}$
$\cot \alpha =$	$\frac{\sqrt{1-\sin^2 \alpha}}{\sin \alpha}$	$\frac{\cos \alpha}{\sqrt{1-\cos^2 \alpha}}$	$\frac{1}{\tan \alpha}$	$\cot \alpha$

Weitere Beziehungen zwischen Winkelfunktionen

Additionstheoreme (Winkelsummen, -differenzen)

$$\sin(\alpha \pm \beta) = \sin\alpha\cos\beta \pm \cos\alpha\sin\beta$$

$$\tan(\alpha \pm \beta) = \frac{\tan\alpha \pm \tan\beta}{1 \mp \tan\alpha \cdot \tan\beta}$$

$$\cos(\alpha \pm \beta) = \cos\alpha\cos\beta \mp \sin\alpha\sin\beta$$

$$\cot(\alpha \pm \beta) = \frac{\cot\alpha\cot\beta \mp 1}{\cot\beta \pm \cot\alpha}$$

Doppelwinkelformeln

$$\sin 2\alpha = 2\sin\alpha\cos\alpha$$

$$\cos 2\alpha = \cos^2\alpha - \sin^2\alpha$$

$$\tan 2\alpha = \frac{2\tan\alpha}{1 - \tan^2\alpha}$$

$$\cot 2\alpha = \frac{\cot^2\alpha - 1}{2\cot\alpha}$$

Hauptwerte (*Funktionswerte im Intervall* $[0, \frac{\pi}{2}]$)

Gradmaß	0°	30°	45°	60°	90°
Bogenmaß	0	$\frac{\pi}{6}$	$\frac{\pi}{4}$	$\frac{\pi}{3}$	$\frac{\pi}{2}$
sin α	0	$\frac{1}{2}$	$\frac{1}{2}\sqrt{2}$	$\frac{1}{2}\sqrt{3}$	1
cos α	1	$\frac{1}{2}\sqrt{3}$	$\frac{1}{2}\sqrt{2}$	$\frac{1}{2}$	0
tan α	0	$\frac{1}{3}\sqrt{3}$	1	$\sqrt{3}$	–
cot α	–	$\sqrt{3}$	1	$\frac{1}{3}\sqrt{3}$	0

Vorzeichen in den Quadranten

Quadrant	I	II	III	IV	Periode
sin α	+	+	–	–	2π
cos α	+	–	–	+	2π
tan α	+	–	+	–	π
cot α	+	–	+	–	π

Teste dein Wissen!

Kapitel „Winkelfunktionen (Trigonometrische Funktionen)“	O. K. ✓	Das muss ich noch mal lesen
Ich kann die Erweiterung des Winkelbegriffs erklären.		S. 118
Ich kann Angaben in Gradmaß und Bogenmaß ineinander umrechnen.		S. 119
Ich kann die Winkelfunktionen am rechtwinkligen Dreieck erklären.		S. 119, 120
Ich kann die Winkelfunktionen am Einheitskreis erklären.		S. 121, 126, 128, 129, 130
Ich kann Eigenschaften und Kurve der Sinusfunktion beschreiben und skizzieren.		S. 122, 123
Ich kann den Verlauf der Funktionen $y = a \cdot \sin(b\,x + c) + d$ aus den Konstanten ablesen.		S. 123–125
Ich kann Eigenschaften und Verlauf der Funktionen $y = \cos x$, $y = \tan x$ und $y = \cot x$ beschreiben und skizzieren.		S. 126–130
Ich kann wichtige Beziehungen zwischen den Winkelfunktionen nennen.		S. 131, 132

11 Anwendungen der Winkelfunktionen

11.1 Anwendungsbereiche

Goniometrie ist die Lehre von der Winkelmessung *(griech.: gonia … Winkel)*, und zwar nicht im Sinne des Ausmessens mit einem Winkelmesser, sondern des Berechnens mithilfe trigonometrischer Funktionen. Trigonometrie bedeutet wörtlich „Dreiwinkelmessung“, im weiteren Sinne „Dreiecksberechnung“. Auf zwei Beispiele für die Anwendung von Winkelfunktionen wurde bereits hingewiesen (↗ S. 117 f.). Sie stehen für zwei wesentliche Anwendungsbereiche.

Schwingungen und Kreisbewegungen

Bei allen physikalischen Vorgängen und technischen Geräten, in denen mechanische oder elektromagnetische Schwingungen eine Rolle spielen, werden Winkelfunktionen als geeignete mathematische Mittel zur Beschreibung der Abhängigkeiten eingesetzt.

BEISPIELE

- *Gedämpfte Schwingung*
  Beim Beispiel auf S. 117 wurde der Verlauf der harmonischen Schwingung (mathematisches Pendel) als Sinuskurve abgebildet. Reale physikalische Schwingungen verlaufen ge-dämpft. Die Auslenkung (Amplitude) wird durch Widerstände (Reibungskräfte u. a.) mit dem zeitlichen Ablauf gebremst. Die Abnahme der Amplitude verläuft exponentiell.
  Gedämpfte Schwingungen werden daher als Verknüpfung einer Exponentialfunktion mit einer Sinusfunktion beschrieben:
  $y = y_{\max} \cdot e^{-\delta t} \cdot \sin \omega t.$

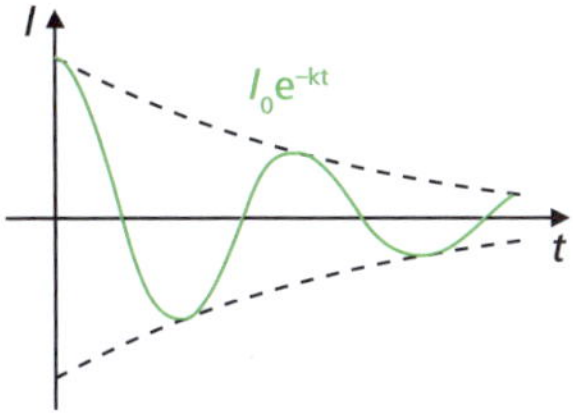

- Im *Drehstromgenerator* werden Spannungen erzeugt, deren Phasenverschiebung 120° beträgt. Zu jedem Zeitpunkt addieren sich die Spannungen zu 0.
  Die Nullspannung ergibt sich dadurch, dass die Summe der Ordinaten der drei sich überlagernden Funktionen null wird.

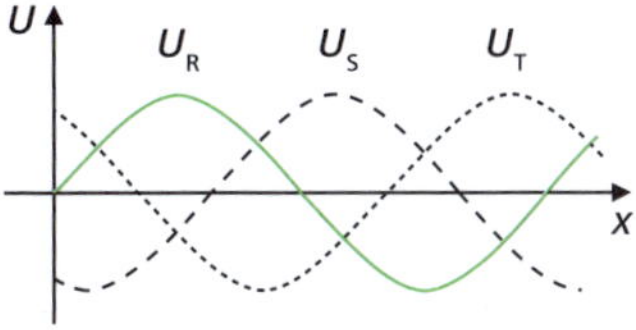

- Die additive Verknüpfung von Funktionen (Überlagerung, Superposition) wird bei der *Nachrichtenübermittlung* (Sprache, Musik) mithilfe elektromagnetischer Wellen genutzt: Der Sender funktioniert Schallimpulse in elektromagnetische Impulse um, die der Empfänger wieder zurück in Schallimpulse verwandelt. Dabei werden einer Trägerwelle Schwingungen mit niederer Frequenz aufgeprägt (Amplitudenmodulation). So entsteht ein Klangbild.
  Die Abbildung unten zeigt eine einfach modulierte Welle. Bestimmt wird die Lautstärke durch die Amplitude, die Tonhöhe durch die Frequenz. Weitere physikalisch-technische Anwendungen der Winkelfunktionen findet man im mikrophysikalischen Bereich (molekulare Schwingungen) und überall dort, wo Kreisbewegungen eine Rolle spielen und Winkel auftreten.

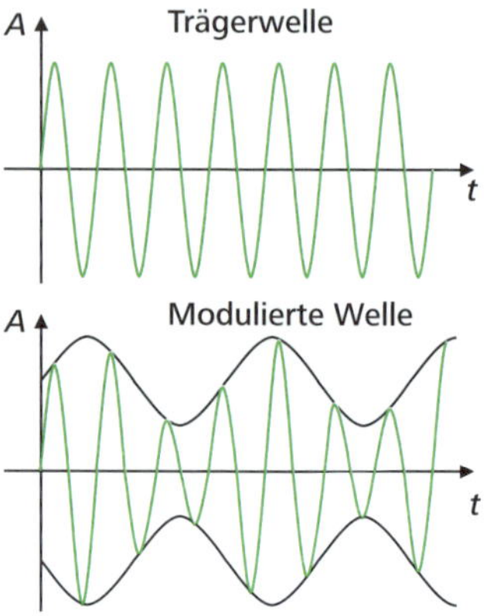

Berechnung an Dreiecken

Bei einer Vielzahl geometrischer und physikalisch-technischer Fragestellungen sind Winkel, Seiten und andere Größen von Dreiecken zu berechnen. Das ***Dreieck*** ist eine wichtige stabile Grundfigur der Ebene. Jedes Polygon (Vieleck) ist in Dreiecke zerlegbar. Konstruktion und Berechnung von Polygonen können daher auf die Konstruktion und Berechnung von Dreiecken zurückgeführt werden.

Historisch entwickelte sich die Trigonometrie vor allem aus der Landvermessung, der Astronomie, der Navigation und dem Bauwesen.

BEISPIELE

- Bestimmung der Höhe eines Turmes

  Bekannt seien der Höhenwinkel α, die Höhe des Messgerätes h_1 und die Entfernung s des Vermessers vom Fußpunkt des Turmes.

  Dann gilt:

  $$\tan \alpha = h_2 : s$$
  $$h_2 = s \cdot \tan \alpha$$
  $$h = h_1 + h_2$$

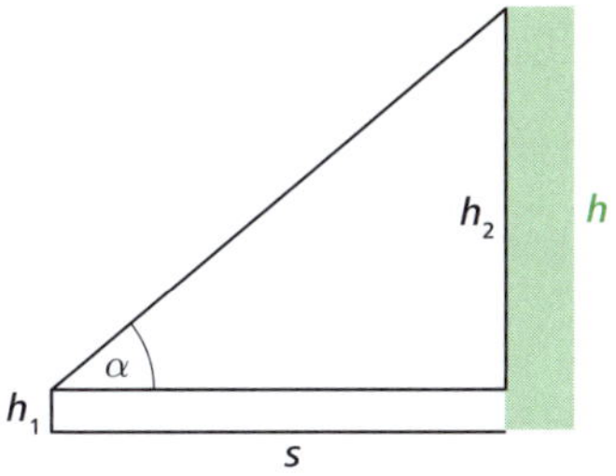

In ähnlicher Weise können der Anstieg einer Geraden im Koordinatensystem oder der Anstieg einer Straße (↗ S. 127), eines Böschungswinkels, eines Schüttkegels, eines Seilbahnanstiegs u. a. berechnet werden.

- Bestimmung der Resultierenden zweier Kräfte
  Die Resultierende zweier in verschiedene Richtungen wirkenden Kräfte kann mit der Formel

  $F = \sqrt{F_1^{\,2} + F_2^{\,2} + 2F_1F_2 \cos \alpha}$

  berechnet werden.

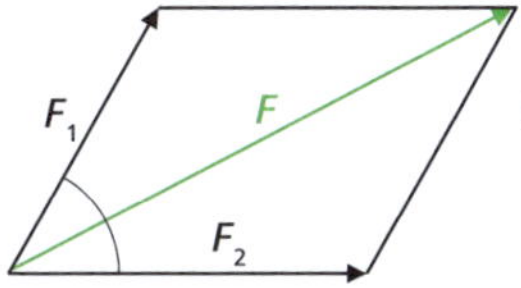

Kräfteparallelogramm

11.2 Dreiecksberechnungen

Voraussetzungen für die Konstruktion und Berechnung

Ein Dreieck *ABC* ist eindeutig bestimmt durch seine 3 Seiten (Abstände der Eckpunkte) und seine 3 Winkel (Innenwinkel zwischen den Seiten).

Für die eindeutige Konstruierbarkeit eines Dreiecks sind an die gegebenen Stücke bestimmte Voraussetzungen geknüpft. Das trifft auch für die Berechnung von Dreiecken zu. Konstruktion und Berechnung von Dreiecken hängen unmittelbar zusammen und können wechselseitig zur Kontrolle eingesetzt werden.

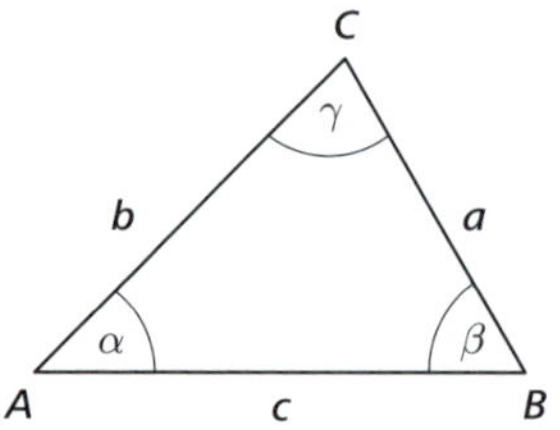

Dreiecksungleichungen

> *a*, *b*, *c* seien die Seitenlängen eines Dreiecks. Dann gilt:
>
> $a + b > c;\quad a + c > b;\quad b + c > a.$

Sind z. B. drei Längen gegeben, so kann mithilfe der Dreiecksungleichung geprüft werden, ob sie Seitenlängen eines Dreiecks sein können. Es reicht jedoch nicht aus, wenn nur eine oder zwei dieser Ungleichungen erfüllt sind.

BEISPIEL

Gegeben seien: $a = 3$, $b = 9$, $c = 5$.
Dann ist $a + b > c$ und $b + c > a$, aber $a + c < b$.
a, b, c sind also nicht Seiten eines Dreiecks.

Es reicht jedoch aus, die Summe der beiden kleineren Längen mit der größeren Länge zu vergleichen.
Aus $a > b$ und $a > c$ und $b + c > a$
folgt $a + c > b$ und $a + b > c$.

BEISPIEL

Gegeben seien: $a = 8$, $b = 5$, $c = 4$.
Wenn $8 > 5$ und $8 > 4$ und $5 + 4 > 8$,
folgt $8 + 4 > 5$ und $8 + 5 > 4$.

In der Praxis nutzt ein Autofahrer intuitiv die Aussage der Dreiecksungleichungen.
Sind drei Orte A, B und C jeweils durch (annähernd) geradlinige Straßen a, b und c verbunden, so fährt er von A nach B über die Straße c, wenn $a + b > c$.

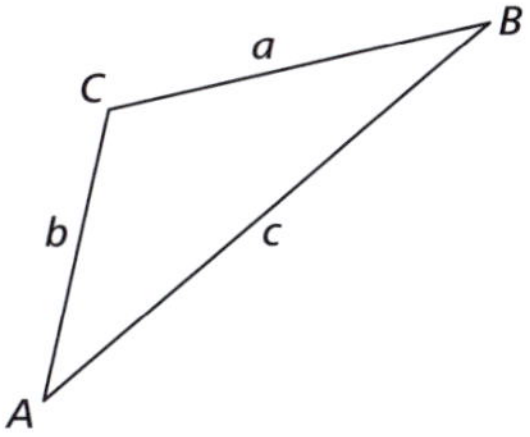

Er wird (als ortskundiger Fahrer) davon nur dann abweichen, wenn auf Straße c verkehrsbedingte Hemmnisse bekannt sind (hohes Verkehrsaufkommen, Ampeln, Baustellen, Staus, Geschwindigkeitsbegrenzungen usw.). Dann hat er zwar mit Sicherheit eine längere Fahrstrecke, spart aber möglicherweise Zeit.

Innenwinkelsatz

> α, β, γ seien die Innenwinkel eines Dreiecks. Dann gilt:
>
> $\alpha + \beta + \gamma = 180°$.

Im Bogenmaß: $\alpha + \beta + \gamma = 2\pi$. Das bedeutet, dass maximal ein Innenwinkel ein rechter oder ein stumpfer Winkel sein kann.
Rechtwinklige Dreiecke haben genau einen rechten Winkel.
Stumpfwinklige Dreiecke haben genau einen stumpfen Winkel.
Mithilfe des Innenwinkelsatzes kann aus zwei bekannten Winkeln der dritte berechnet werden.

$\alpha = 180° - \beta - \gamma, \quad \beta = 180° - \alpha - \gamma, \quad \gamma = 180° - \alpha - \beta.$

BEISPIEL

Gegeben sind
$\alpha = 45°$ und
$\beta = 65°$.
Wie groß ist γ?

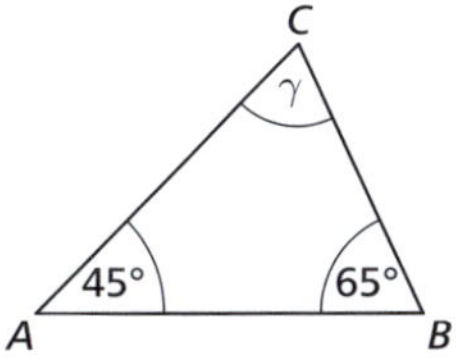

$\gamma = 180° - \alpha - \beta$
$\gamma = 180° - 45° - 65°$
$\gamma = 70°$

Kongruenzsätze

Die Gestalt und damit die Konstruktion und Berechnung eines Dreiecks sind eindeutig bestimmt, wenn mindestens drei dieser Stücke gegeben sind, die den ***Kongruenzsätzen*** genügen:

- sss drei Seiten,
- sws zwei Seiten und der eingeschlossene Winkel,
- wsw eine Seite und die anliegenden Winkel,
- Ssw zwei Seiten und der der größeren Seite gegenüberliegende Winkel.

Das bedeutet: Sind z. B. drei Seitenlängen a, b und c gegeben und genügen sie den Dreiecksungleichungen, so führt jede Konstruktion und jede Berechnung, wer immer sie auch ausführt, stets zu Dreiecken. Diese Dreiecke sind alle zueinander kongruent, sind also von gleicher Gestalt und Größe.

Alle ab S. 136 enthaltenen Beispiele für Dreiecksberechnungen beziehen sich auf gegebene Stücke, die den Kongruenzsätzen genügen.

Sind drei Stücke gegeben, die den Kongruenzsätzen *nicht* entsprechen, so gibt es *keine* eindeutige Lösung.

BEISPIEL

Gegeben seien die drei Innenwinkel α, β und γ. Es lassen sich unbegrenzt viele Dreiecke konstruieren und berechnen, die α, β und γ als Innenwinkel haben. Sie sind zwar alle von gleicher Gestalt, aber von unterschiedlicher Größe.

Sie alle sind einander ähnlich.

Sie genügen einem der Ähnlichkeitssätze für Dreiecke, die in Analogie zu den Kongruenzsätzen genannt seien.

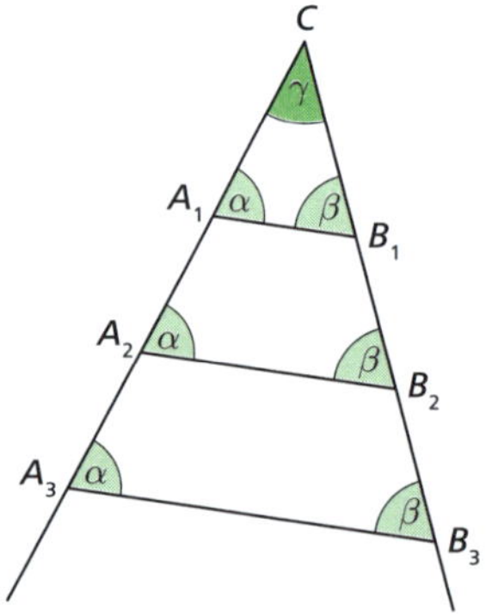

Ähnlichkeitssätze

Dreiecke sind einander ähnlich, wenn sie übereinstimmen (Ähnlichkeitsbedingung):

- in zwei entsprechenden Seitenverhältnissen,
- im Verhältnis zweier Seiten und dem eingeschlossenen Winkel,
- in zwei Winkeln (Hauptähnlichkeitssatz),
- im Verhältnis zweier Seiten und dem der größeren Seite gegenüberliegenden Winkel.

Zum Vergleich: Dreiecke sind einander *kongruent*, wenn sie übereinstimmen (Kongruenzbedingung, Kurzform) in:
(sss), (sws), (wsw), (Ssw)

BEISPIEL

Gegeben seien b, c und β mit $b < c$. In Abhängigkeit von den gegebenen Größen kann es dann entweder

- keine (b_1),
- genau eine (b_2) oder
- zwei (b_3, b_3')

Lösungen geben.

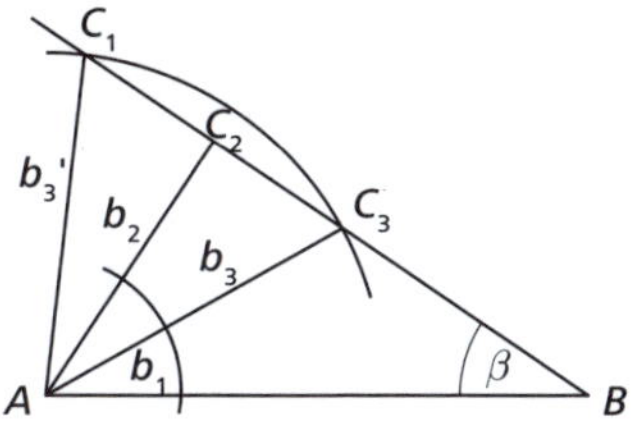

Allgemeine Sätze für die Berechnung von Dreiecken

11

Unter der Voraussetzung, dass gegebene Stücke in einer Aufgabe die Bedingungen (↗ S. 138 f.) erfüllen, braucht man zur manuellen Konstruktion lediglich die Zeichengeräte Zirkel, Lineal und ggf. Winkelmesser. Für die Berechnung werden jedoch Berechnungsformeln benötigt, die Beziehungen zwischen gegebenen und gesuchten Stücken enthalten.
Der Innenwinkelsatz (↗ S. 139) ist ein solcher Satz, mit dem Winkel im Dreieck berechnet werden können.

Zudem können, außer den Seiten und Innenwinkeln, bei Berechnungen auch noch andere Größen im Dreieck von Interesse sein, z. B. Flächeninhalt, Außenwinkel, Umkreisradius, Inkreisradius oder Länge und Lage besonderer Linien wie Höhen, Seitenhalbierende, Mittelsenkrechte und Winkelhalbierende.

Sätze für alle Dreiecke

- Außenwinkelsätze

$\alpha' + \beta' + \gamma' = 360°$

$\alpha' = \beta + \gamma; \quad \alpha + \alpha' = 180°$

$\beta' = \alpha + \gamma; \quad \beta + \beta' = 180°$

$\gamma' = \alpha + \beta; \quad \gamma + \gamma' = 180°$

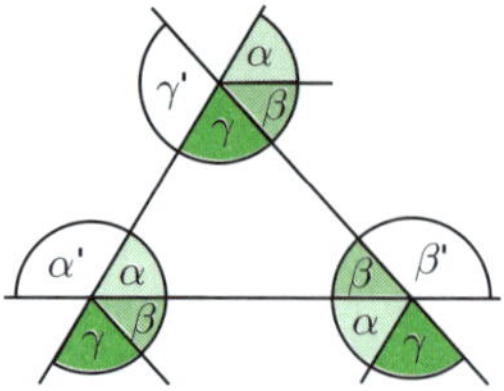

- Flächeninhalt

$A_d = \frac{1}{2} g \cdot h$

in den spezifischen Formen

$A_d = \frac{1}{2} a \cdot h_a$

$A_d = \frac{1}{2} b \cdot h_b$

$A_d = \frac{1}{2} c \cdot h_c$

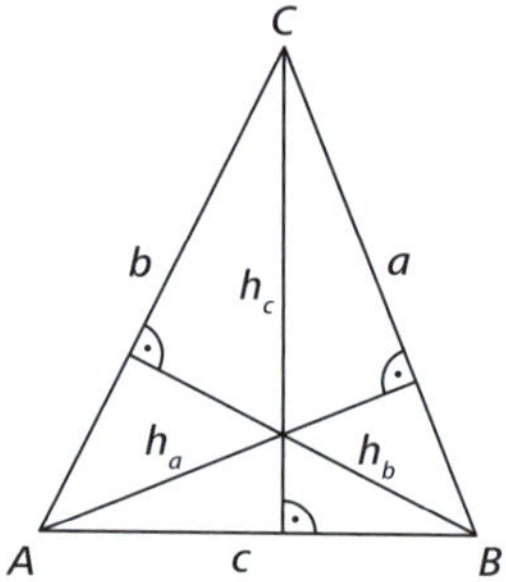

- Beziehungen zwischen Höhen und Seiten

$\frac{h_a}{h_b} = \frac{b}{a}; \quad \frac{h_a}{h_c} = \frac{c}{a}; \quad \frac{h_b}{h_c} = \frac{c}{b}$

- Umfang

$u = a + b + c$

Sätze für rechtwinklige Dreiecke

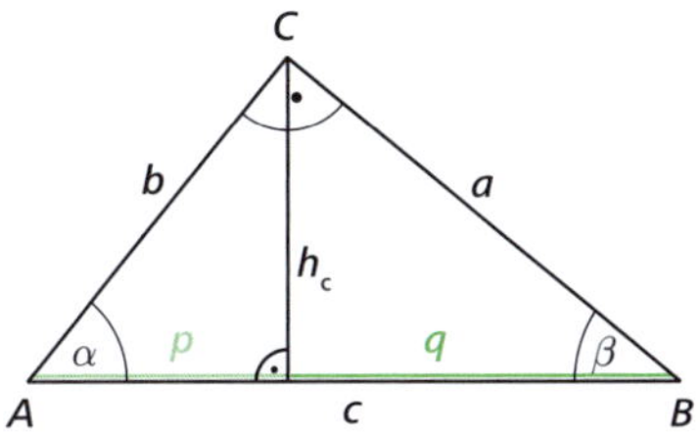

- Satz des PYTHAGORAS

$a^2 + b^2 = c^2$

- Höhensatz

$h_c^2 = p \cdot q$

- Kathetensatz

$a^2 = q \cdot c$
$b^2 = p \cdot c$

- Flächeninhalt

$A = \frac{1}{2} a \cdot b$

- Winkelbeziehung

$\alpha + \beta = 90°$

Sätze für gleichschenklige Dreiecke

- Seiten: $a = b$
- Winkel: $\alpha = \beta$
  $\alpha = 90° - \frac{1}{2}\gamma$
- Höhe: $h = \sqrt{b^2 - \left(\frac{c}{2}\right)^2}$

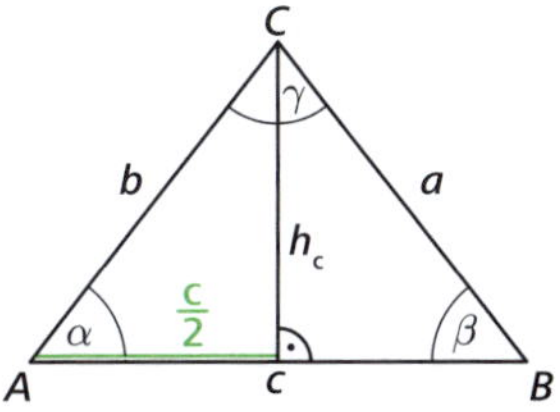

Sätze für gleichseitige Dreiecke

- Seiten $a = b = c$
- Winkel $\alpha = \beta = \gamma$
- Höhe $h = \frac{1}{2} a \sqrt{3}$
- Flächeninhalt $A = \frac{1}{4} a^2 \sqrt{3}$

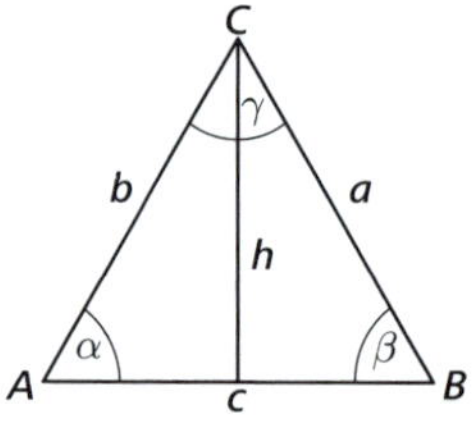

Trigonometrische Sätze für die Berechnung von Dreiecken

Die Fülle der Sätze auf S. 142 ff. reicht dennoch nicht aus, um beliebige Dreiecke, die durch die gegebenen Stücke hinreichend bestimmt sind (↗ S. 140), vollständig zu berechnen. So gibt es auf S. 142 ff. keinen Satz, mit dessen Hilfe man aus den drei gegebenen Seiten die zugehörigen Winkel berechnen kann, obwohl ein Dreieck aus den drei Seiten einfach zu konstruieren ist.
Mithilfe der Winkelfunktionen können weitere Sätze formuliert werden, die diese Lücken schließen.

Berechnungen im rechtwinkligen Dreieck

Das Dreieck OQP ist rechtwinklig, $\overline{OP} = r$ ist die ***Hypotenuse***, $\overline{OQ} = u$ und $\overline{QP} = v$ sind die ***Katheten***.
In Bezug auf den Winkel α heißen u … ***Ankathete*** (anliegende Kathete), v … ***Gegenkathete*** (gegenüberliegende Kathete).

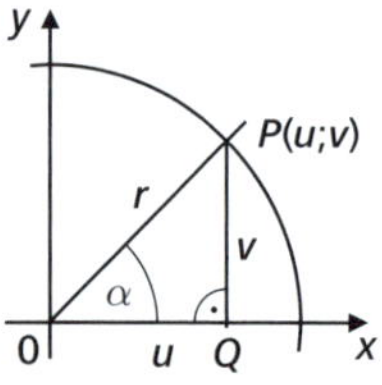

Es gilt:

$\sin \alpha = v : r$	(Gegenkathete zu Hypotenuse),
$\cos \alpha = u : r$	(Ankathete zu Hypotenuse),
$\tan \alpha = v : u$	(Gegenkathete zu Ankathete),
$\cot \alpha = u : r$	(Ankathete zu Gegenkathete).

Sieht man von der Lage des Dreiecks *OQP* im Koordinatensystem ab, so gilt in jedem rechtwinkligen Dreieck *ABC* mit den Seiten *a*, *b*, *c* und den Winkeln α, β und $\gamma = 90°$:

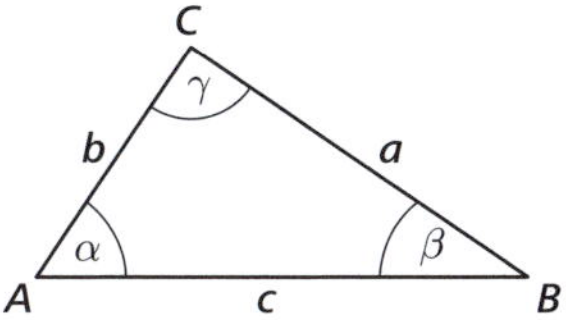

$\sin \alpha = a : c$, $\tan \alpha = a : b$,
$\cos \alpha = b : c$, $\cot \alpha = b : a$,

$\sin \beta = b : c$, $\tan \beta = b : a$,
$\cos \beta = a : c$, $\cot \beta = a : b$. (*)

Winkel, die einander zu 90° ergänzen, heißen ***Komplementärwinkel.*** α und β im rechtwinkligen Dreieck mit $\gamma = 90°$ sind Komplementärwinkel: $\alpha = 90° - \beta$; $\beta = 90° - \alpha$.

Wie aus den Beziehungen (*) ersichtlich, gilt:

$\sin \alpha = \sin (90° - \beta) = \cos \beta$,
$\cos \alpha = \cos (90° - \beta) = \sin \beta$,
$\tan \alpha = \tan (90° - \beta) = \cot \beta$,
$\cot \alpha = \cot (90° - \beta) = \tan \beta$,

und

$\sin \beta = \cos \alpha$,
$\cos \beta = \sin \alpha$,
$\tan \beta = \cot \alpha$,
$\cot \beta = \tan \alpha$.

Berechnungsformeln können nach jeder in der Formel enthaltenen Größe aufgelöst werden (↗ S. 157 ff.). So lassen sich etwa mithilfe der Beziehung $\sin \alpha = a : c$ sowohl α, *a* und auch *c* aus den jeweiligen beiden anderen Größen berechnen.
Ist daraus der Winkel α zu bestimmen, so muss die Gleichung $\sin \alpha = a : c$ nach α aufgelöst werden. Es ist der Winkel zu finden, dessen Sinuswert $a : c$ ist.

BEISPIEL

Gegeben seien $a = 4$ und $c = 5$. Wie groß ist der Winkel?
$\sin \alpha = 4 : 5$; $\sin \alpha = 0{,}8$

Man kann α näherungsweise aus der Kurve der Sinusfunktion oder einer Wertetafel der Sinusfunktion ablesen, wie sie in Tabellenbüchern z. T. noch enthalten sind. Im Allgemeinen benutzt man einen elektronischen Rechner, der die Sinusfunktion enthält.

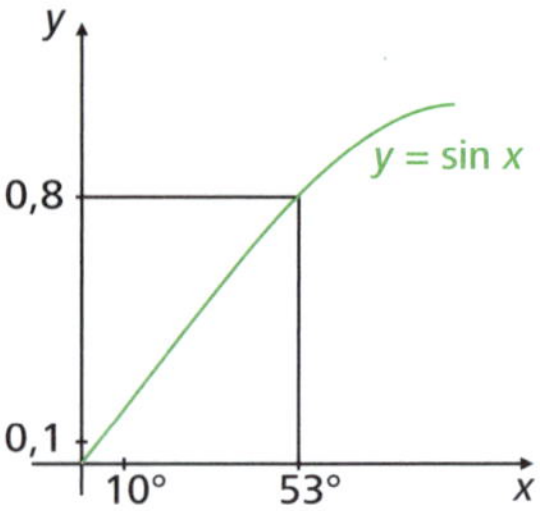

Zu jedem Winkel kann der zugehörige Sinuswert abgelesen werden. Taschenrechner enthalten meist die Funktionen sin, cos und tan und deren Umkehrungen im Intervall $0 \leq x \leq \frac{\pi}{2}$.
Soll umgekehrt der Winkel x zu einem gegebenen Sinusfunktionswert bestimmt werden, so verwendet man die Umkehrfunktion zur Sinusfunktion. Sie heißt Arcussinusfunktion $y = \arcsin x$ oder $y = \sin^{-1} x$, auf Taschenrechnern gewöhnlich auf der 2. Belegungsebene, zu aktivieren mit F oder 2nd. Dabei ist zu entscheiden, ob man sich für die Winkel im Gradmaß (DEG) oder im Bogenmaß (RAD) bewegt. Für das obige Beispiel liefert bei Eingabe des Sinusfunktionswertes 0,8 die arcsin-Funktion den Winkel $\alpha \approx 53{,}13°$ bzw. $x \approx 0{,}93$.

Zur Berechnung von Dreiecken müssen wenigstens drei Stücke gegeben sein. Für rechtwinklige Dreiecke genügen zwei Stücke, da der rechte Winkel als eine Größe feststeht. Es können vier Aufgabentypen auftreten, die bestimmten Kongruenzsätzen entsprechen. Gegeben sind

(1) die Hypotenuse und ein spitzer Winkel (wsw),
(2) eine Kathete und ein spitzer Winkel (wsw),
(3) die Hypotenuse und eine Kathete (Ssw),
(4) beide Katheten (sws).

BEISPIELE

- Gegeben: $\Delta\, ABC$ mit $c = 6$, $\alpha = 40°$, $\gamma = 90°$

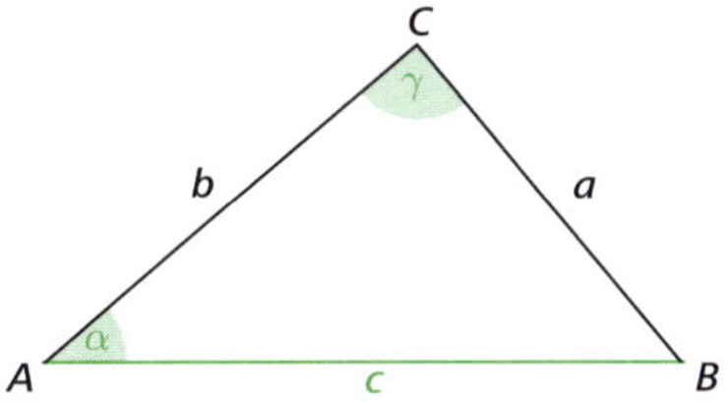

Berechnung:

β	$\beta = 90° - \alpha$	**a**	$\sin\alpha = a : c$	**b**	$\cos\alpha = b : c$
	$\beta = 90° - 40°$		$a = c \cdot \sin\alpha$		$b = c \cdot \cos\alpha$
	$\beta = 50°$		$a = 6 \cdot \sin 40°$		$b = 6 \cdot \cos 40°$
			$a \approx 3{,}9$		$b \approx 4{,}6$

Die Berechnung der gesuchten Stücke kann auch in anderer Reihenfolge oder mithilfe anderer Beziehungen erfolgen. Hat man β ermittelt, können für die Berechnung von a z. B. auch die Beziehungen $\cos\beta = a : c$, für die Berechnung von b dann auch $b = \sqrt{c^2 - a^2}$ verwendet werden.
In den Beispielen wird grundsätzlich von den gegebenen Stücken ausgegangen, da bei Verwendung berechneter Größen bereits Fehler aufgetreten sein könnten.

- Gegeben: $\Delta\, ABC$ mit $b = 6$, $\alpha = 30°$, $\gamma = 90°$

11

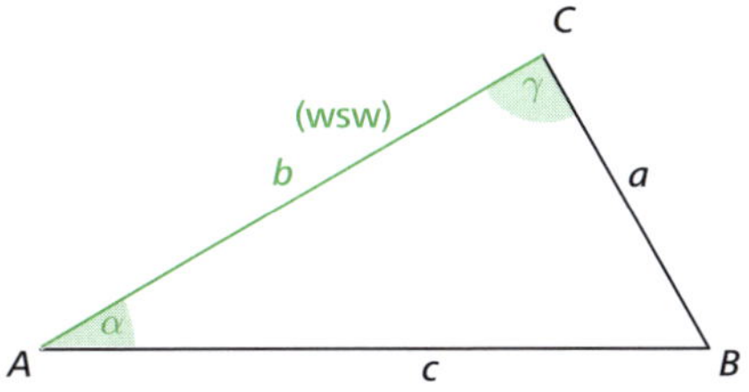

Berechnung:

β $\beta = 90° - \alpha$	**a** $\tan \alpha = a : c$	**c** $c = \sqrt{a^2 + b^2}$
$\beta = 90° - 30°$	$a = b \cdot \tan \alpha$	$c \approx \sqrt{3{,}4^2 + 6^2}$
$\beta = 60°$	$a = 6 \cdot \tan 30°$	$c \approx 6{,}9$
	$a \approx 3{,}4$	

- Gegeben: $\Delta\, ABC$ mit $b = 3$, $c = 7$, $\gamma = 90°$

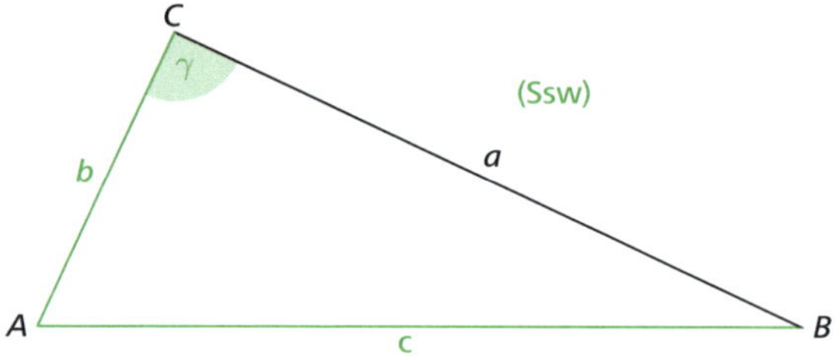

Berechnung:

α $\cos \alpha = \frac{b}{c}$	**β** $\beta = 90° - \alpha$	**a** $a^2 = c^2 - b^2$
$\cos \alpha = \frac{3}{7}$	$\beta \approx 90° - 64{,}6°$	$a = \sqrt{c^2 - b^2}$
$\cos \alpha \approx 0{,}43$	$\beta \approx 25{,}4°$	$a \approx \sqrt{7^2 - 3^2}$
$\alpha \approx 64{,}6°$		$a \approx 6{,}3$

- Gegeben: $\Delta\, ABC$ mit $a = 3$, $b = 4$, $\gamma = 90°$

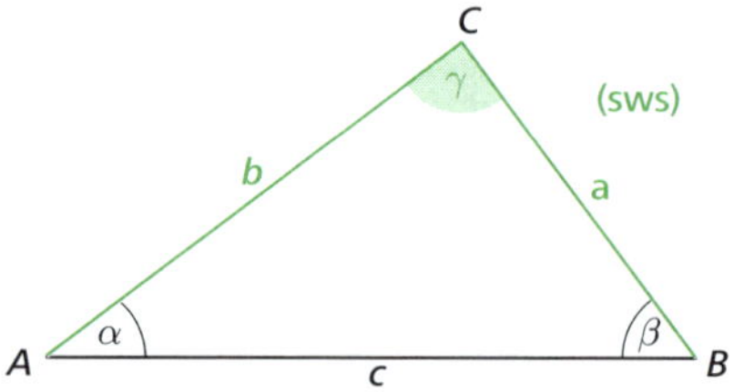

Berechnung:

c $c^2 = a^2 + b^2$	**α** $\tan \alpha = 3 : 4$	**β** $\beta = 90° - \alpha$
$c = \sqrt{a^2 + b^2}$	$\tan \alpha = 0{,}75$	$\beta \approx 90° - 36{,}9°$
$c = \sqrt{3^2 + 4^2}$	$\alpha \approx 36{,}9°$	$\beta \approx 53{,}1°$
$c = 5$		

Trigonometrische Beziehungen in beliebigen Dreiecken

Sinussatz

Gegeben: $\Delta\, ABC$ mit $a = 5$, $b = 7$, $\beta = 75°$

Zwar sind die Bedingungen eines Kongruenzsatzes (Ssw) erfüllt und damit Konstruktion und Berechnung *eindeutig* ausführbar, aber mit den bisher verwendeten Hilfsmitteln kann weder eine weitere Seite noch ein weiterer Winkel berechnet werden.

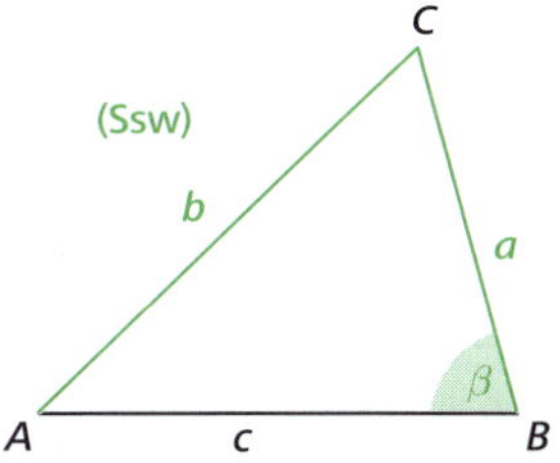

Das gegebene Dreieck ist nicht rechtwinklig. Die Beziehungen (↗ S. 144 f.) lassen sich nicht direkt anwenden. Deshalb ist die Ermittlung weiterer Beziehungen zwischen Seiten und Winkeln eines Dreiecks erforderlich.

Ein beliebiges Dreieck lässt sich durch Einzeichnen einer Höhe in zwei rechtwinklige Dreiecke zerlegen. Daraus kann man ablesen:

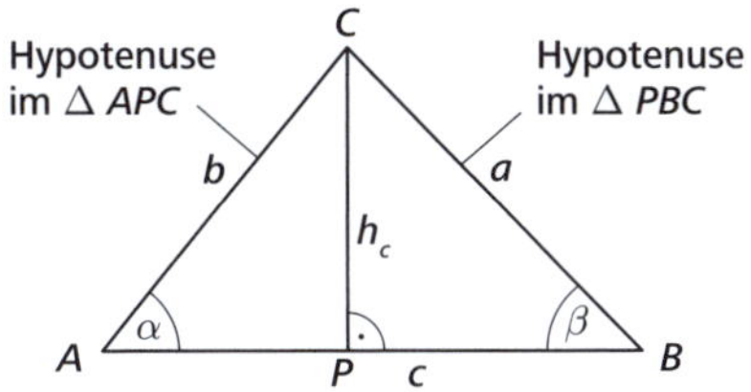

$\sin\alpha = \frac{h_c}{b}$, $\qquad \sin\beta = \frac{h_c}{a}$

$h_c = b \cdot \sin\alpha$, $\qquad h_c = a \cdot \sin\beta$.

Daraus folgt durch Gleichsetzen

$\alpha \cdot \sin\beta = b \cdot \sin\alpha$ oder $\frac{a}{\sin\alpha} = \frac{b}{\sin\beta}$.

In gleicher Weise lässt sich durch Einzeichnen einer weiteren Höhe eine Beziehung mit c und γ herstellen.

> Allgemein gilt der ***Sinussatz*** $a : \sin \alpha = b : \sin \beta = c : \sin \gamma$.

BEISPIELE

- Für das Beispiel (↗ S. 149 oben) berechnet man:

α
$$\frac{a}{\sin \alpha} = \frac{b}{\sin \beta}$$
$$\sin \alpha = \frac{a \cdot \sin \beta}{b}$$
$$\sin \alpha = \frac{5 \cdot \sin 75°}{7}$$
$$\alpha \approx 44°$$

c
$$\frac{c}{\sin \gamma} = \frac{b}{\sin \beta}$$
$$c = \frac{b \cdot \sin \gamma}{\sin \beta}$$
$$c \approx \frac{7 \cdot \sin 61°}{\sin 75°}$$
$$c \approx 6{,}3$$

γ
$$\gamma = 180° - \alpha - \beta$$
$$\gamma \approx 180° - 44° - 75°$$
$$\gamma \approx 61°$$

- Gegeben: $\Delta\, ABC$ mit
$\alpha = 40°, \beta = 80°, c = 8$

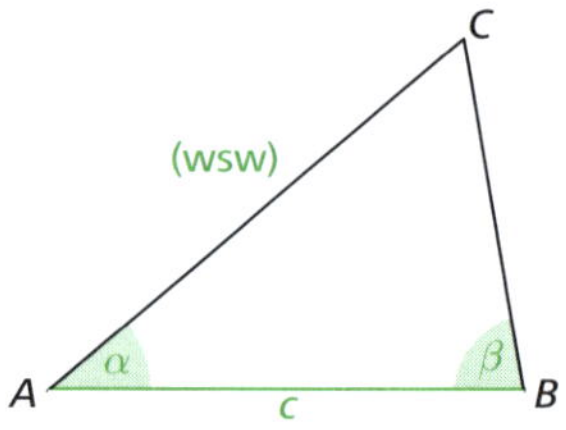

Berechnung:

γ
$$\gamma = 180° - \alpha - \beta$$
$$\gamma = 180° - 40° - 80°$$
$$\gamma = 60°$$

a
$$a : \sin \alpha = c : \sin \gamma$$
$$a = \frac{c \cdot \sin \alpha}{\sin \gamma}$$
$$a = \frac{8 \cdot \sin 40°}{\sin 60°}$$
$$a \approx 5{,}9$$

b
$$b : \sin \beta = c : \sin \gamma$$
$$b = \frac{c \cdot \sin \beta}{\sin \gamma}$$
$$b = \frac{8 \cdot \sin 80°}{\sin 60°}$$
$$b \approx 9{,}1$$

Der Sinussatz ist anwendbar, wenn folgende Stücke gegeben sind:

- 2 Seiten und ein nicht eingeschlossener Winkel,
- 1 Seite, ein anliegender und der gegenüberliegende Winkel. (Sind wie im vorigen Beispiel die beiden anliegenden Winkel gegeben, so lässt sich der Gegenwinkel mithilfe des Innenwinkelsatzes berechnen und danach der Sinussatz anwenden.)

Das Dreieck im Beispiel auf S. 149 oben ist spitzwinklig. Man kann zeigen, dass der Sinussatz auch für stumpfwinklige Dreiecke gilt. Wendet man den Sinussatz auf ein rechtwinkliges Dreieck an, so gelangt man zu Beziehungen, die für rechtwinklige Dreiecke auf S. 144 f. dargestellt sind.

Kosinussatz

Sind von einem schiefwinkligen Dreieck drei Seiten oder zwei Seiten und der eingeschlossene Winkel bekannt, so kann der Sinussatz nicht zur Berechnung weiterer Stücke angewendet werden, denn es müssen mindestens eine Seite und ihr Gegenwinkel bekannt sein. Als weiteres Mittel steht der ***Kosinussatz*** zur Verfügung.

Im Dreieck ABC gilt nach dem Satz des PYTHAGORAS

$h_c^2 = a^2 - p^2; h_c^2 = b^2 - q^2.$

Gleichsetzung führt zu

$a^2 - p^2 = b^2 - q^2,$

$a^2 = b^2 + p^2 - q^2.$

Wegen $p = c - q$ folgt:

$a^2 = b^2 + (c - q)^2 - q^2,$

$a^2 = b^2 + c^2 - 2\,q\,c + q^2 - q^2,$

$a^2 = b^2 + c^2 - 2\,q\,c.$

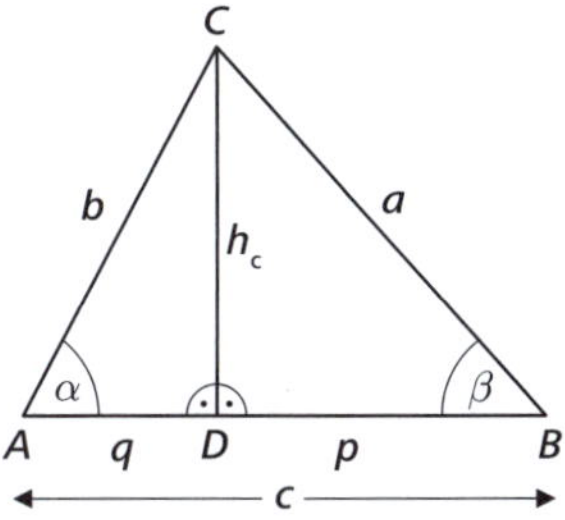

Im Dreieck ADC gilt $\cos \alpha = q : b$ oder $q = b \cdot \cos \alpha$. Setzt man diesen Ausdruck für q in die letzte Gleichung ein, so ergibt sich:

$$a^2 = b^2 + c^2 - 2\,b\,c \cos \alpha.$$

Wählt man h_a und h_b als Ausgangsgrößen oder vertauscht Seiten und Winkel zyklisch, so erhält man die beiden anderen Gleichungen des Kosinussatzes:

$$b^2 = a^2 + c^2 - 2\,a\,c \cos \beta,$$
$$c^2 = a^2 + b^2 - 2\,a\,b \cos \gamma.$$

Eine weitere Form des Kosinussatzes erhält man durch Auflösen dieser Gleichungen nach dem Kosinus des jeweiligen Winkels:

$$\cos \alpha = \frac{b^2 + c^2 - a^2}{2\,b\,c}; \quad \cos \beta = \frac{a^2 + c^2 - b^2}{2\,a\,c}; \quad \cos \gamma = \frac{a^2 + b^2 - c^2}{2\,a\,b}.$$

Der Kosinussatz ist anwendbar für die Berechnung von Dreiecken, wenn folgende Stücke gegeben sind:

- drei Seiten (sss) oder
- zwei Seiten und der eingeschlossene Winkel (sws).

Mithilfe des Sinussatzes und des Kosinussatzes ist somit jedes beliebige Dreieck bei hinreichenden Vorgaben berechenbar.

BEISPIELE

- Gegeben: $\Delta\, ABC$ mit $a = 5$, $b = 6$, $c = 7$ (sss)

  Zunächst ist ein Winkel mithilfe des Kosinussatzes zu berechnen:

  $$\cos \alpha = \frac{b^2 + c^2 - a^2}{2\,b\,c},$$

  $$\cos \alpha = \frac{6^2 + 7^2 - 5^2}{2 \cdot 6 \cdot 7},$$

  $$\cos \alpha \approx 0{,}71,$$
  $$\alpha \approx 44{,}4°.$$

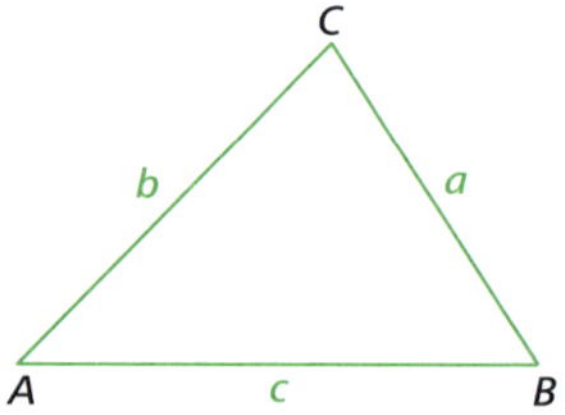

Ein zweiter Winkel kann ebenfalls mit dem Kosinussatz berechnet werden oder auch mithilfe des Sinussatzes, der dritte Winkel nach dem Innenwinkelsatz.

- Gegeben: $\Delta\, ABC$ mit $a = 5$, $b = 6$, $\gamma = 50°$ (sws)

  Zunächst kann die dritte Seite mithilfe des Kosinussatzes berechnet werden:

  $c^2 = a^2 + b^2 - 2\,a\,b\cos\gamma$,
  $c^2 = 5^2 + 6^2 - 2 \cdot 5 \cdot 6 \cdot \cos 50°$,
  $c^2 \approx 22{,}4$,
  $c \approx 4{,}7$.

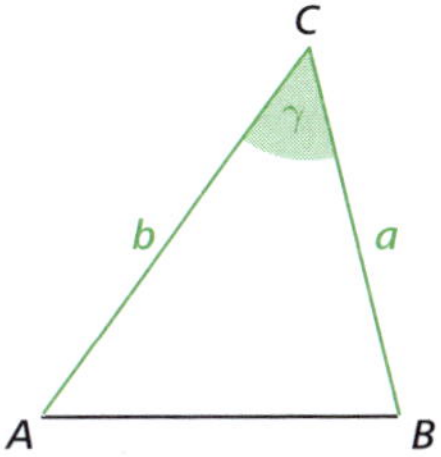

  Der zweite Winkel kann nun mithilfe des Sinussatzes berechnet werden, der dritte Winkel nach dem Innenwinkelsatz.

Man kann zeigen, dass der Kosinussatz auch für stumpfwinklige Dreiecke gilt. Tritt ein rechter Winkel auf, so geht der Kosinussatz in den Satz des PYTHAGORAS über: $c^2 = a^2\, b^2 - 2\,a\,b\cos\gamma$. Für $\gamma = 90°$ ist $\cos\gamma = 0$, also $c^2 = a^2 + b^2$. Der Satz des PYTHAGORAS ist ein Spezialfall des Kosinussatzes.

Als Beispiel wurden bisher (↗ S. 146 ff.) nur recht- und spitzwinklige Dreiecke gewählt. Deren Innenwinkel sind nicht größer als 90°. Bei stumpfwinkligen Dreiecken sind ggf. zusätzliche Überlegungen bei der Berechnung von Winkeln erforderlich.

BEISPIEL

Gegeben: $\Delta\, ABC$ mit
$a = 4$, $b = 5$, $c = 8$

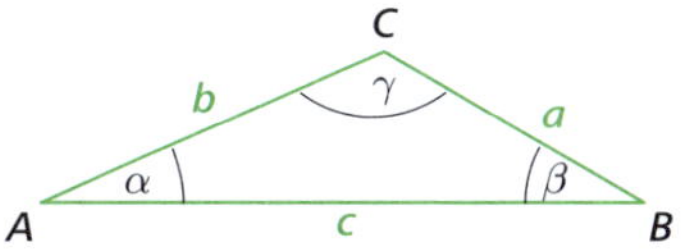

Berechnet man γ mit dem Kosinussatz, so erhält man $\cos\gamma = -0{,}575$. Der negative Kosinuswert deutet an, dass der Winkel nicht im Intervall (0; 90°) liegen kann.

Zu $\cos \gamma' = 0{,}575$ gehört $\gamma' \approx 55°$.
Zu $\cos \gamma = -0{,}575$ gehört $\gamma \approx 180° - 55° = 125°$.
α und β können dann nur spitze Winkel sein.

Berechnet man zunächst α mit dem Kosinussatz, so erhält man $\cos \alpha = 0{,}9125$ und $\alpha \approx 24°$. Verwendet man nun den Sinussatz zur Berechnung von γ, so ergibt sich aus $\sin \gamma = 0{,}82$ entweder $\gamma \approx 55°$ oder wegen $\sin \alpha = \sin (180° - \alpha)$ $\gamma \approx 125°$.
Wäre $\gamma \approx 55°$, so ergäbe sich für $\beta \approx 180° - 24° - 55° = 79°$. Das würde dem Satz widersprechen, dass der größeren Seite im Dreieck stets der größere Winkel gegenüberliegt. Also muss $\gamma \approx 125°$ und damit $\beta \approx 31°$ sein.

Berechnung weiterer Größen im Dreieck

Flächeninhalt

Besondere Linien im Dreieck (Dreieckstransversalen) wie Höhen, Seitenhalbierende und Winkelhalbierende lassen sich im Allgemeinen durch Zerlegen eines Dreiecks in Teildreiecke ebenfalls mithilfe trigonometrischer Beziehungen berechnen, wenn hinreichend viele Stücke aus den Teildreiecken bekannt sind.

Zur Berechnung des Flächeninhalts eines Dreiecks $A_D = \frac{1}{2} g\, h$ benötigt man eine Seite und die zugehörige Höhe.
Im Dreieck ABC gilt:

$\sin \alpha = \frac{h_c}{b}$,

$h_c = b \cdot \sin \alpha$.

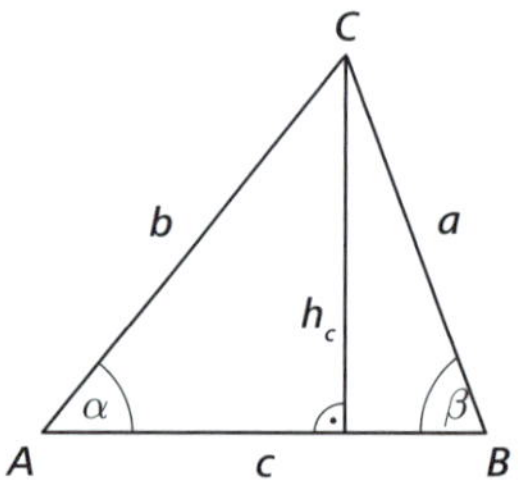

Setzt man diesen Ausdruck für h_c in die Flächeninhaltsformel

$A_0 = \frac{1}{2} \cdot c \cdot h_c$ ein, so ergibt sich

$$A_D = \frac{1}{2} \cdot b \cdot c \cdot \sin \alpha$$

und durch zyklische Vertauschung:

$$A_D = \frac{1}{2} \cdot a \cdot b \cdot \sin \gamma,$$

$$A_D = \frac{1}{2} \cdot a \cdot c \cdot \sin \beta.$$

BEISPIEL

Gegeben: $\Delta\, ABC$ mit $\alpha = 50°$, $\beta = 60°$, $c = 6$ (wsw)
Zunächst wird mit dem Innenwinkelsatz der dritte Winkel berechnet: $\gamma = 180° - 50° - 60° = 70°$. Danach ermittelt man mit dem Sinussatz eine Seite, z. B. $\alpha \approx 4{,}9$.
Nun ergibt sich der Flächeninhalt aus

$$A_D = \frac{1}{2} \cdot a\, c \cdot \sin \beta \approx \frac{1}{2} \cdot 4{,}9 \cdot 6 \cdot \sin 60° \approx 25{,}5.$$

Umkreisradius

Nach dem Sinussatz sind in einem bestimmten Dreieck die Verhältnisse der Seiten zu den Sinuswerten ihrer Gegenwinkel konstant. Allgemein gilt:

$$\frac{a}{\sin \alpha} = \frac{b}{\sin \beta} = \frac{c}{\sin \gamma} = d.$$

Aus der Abbildung entnimmt man

$\sin \alpha = \frac{a}{2} : r$ oder
$a : \sin \alpha = 2\, r.$

$d = 2\, r$ ist der Durchmesser des Umkreises.

$$r = \frac{a}{2 \sin \alpha}$$

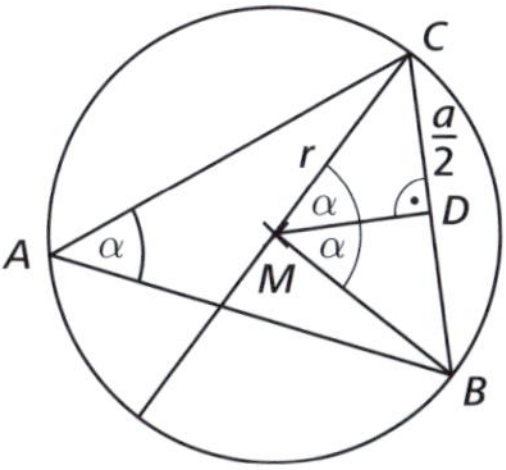

Teste dein Wissen!

Kapitel „Anwendungen der Winkelfunktionen“	O.K. ✓	Das muss ich noch mal lesen
Ich kann wesentliche Sätze für Berechnungen in beliebigen Dreiecken nennen.		S. 138, 139, 142
Ich kann Sätze für Berechnungen in speziellen Dreiecksarten nennen.		S. 143, 144
Ich kann rechtwinklige Dreiecke mit trigonometrischen Sätzen berechnen.		S. 144–148
Ich kann mit dem Sinussatz bestimmte Dreiecksstücke berechnen.		S. 149–151
Ich kann bestimmte Dreiecksstücke mit dem Kosinussatz berechnen.		S. 151–154
Ich kann den Flächeninhalt eines beliebigen Dreiecks berechnen.		S. 154, 155

Rechnen mit Formeln

Für Berechnungen in mathematischen, physikalischen und technischen Anwendungen stehen Formeln zur Verfügung. Sie werden im Unterricht und in den Lehrbüchern hergeleitet, begründet oder verständlich gemacht. Für die wichtigsten Größen sind sie in Formel- und Tabellenbüchern geordnet zusammengestellt.

BEISPIELE

■ $\frac{p}{100} = \frac{W}{G}$	Grundgleichung der Prozentrechnung	p Prozentzahl W Prozentwert G Grundwert
■ $F = m \cdot a$	Newton'sches Grundgesetz	F Kraft m Masse a Beschleunigung
■ $U = R \cdot I$	Ohm'sches Gesetz	U Spannung R Widerstand I Stromstärke

Formeln begegnen uns in Gestalt von Funktionsgleichungen.

BEISPIELE

■ $\mathrm{A} = \pi \cdot r^2$	Quadratische Funktion	(Kreisinhalt)
■ $m = \tan \alpha$	Winkelfunktion	(Geradenanstieg)

Viele Formeln beschreiben nicht nur die Abhängigkeit einer Größe von einer anderen, sondern häufig den Zusammenhang mehrerer Größen bzw. die Abhängigkeit einer Größe von mehreren anderen.

BEISPIELE

- $A = a \cdot b$ Rechteckflächeninhalt
  A ist abhängig von zwei Größen.
- $E_p = m \cdot g \cdot h$ Potentielle Energie
  E_p ist abhängig von drei Größen.

A bzw. E_p ist eine Funktion zweier bzw. dreier Variabler und nur berechenbar, wenn alle unabhängigen Größen direkt oder durch Beziehungen zwischen ihnen bekannt sind.

BEISPIEL

Ein rechteckiges Feld ist 150 m breit und doppelt so lang.

$a = 150\,\text{m}$ und $b = 2 \cdot a$

$A = a \cdot 2a$

$A = 2a^2$

$A = 2 \cdot (150\,\text{m})^2$

$A = 45\,000\,\text{m}^2$

$A = 4{,}5\,\text{ha}$

In Anwendungsaufgaben liegt der einfachste Fall vor, wenn nach der Größe gefragt ist, die in der Formel „links" steht, und alle anderen Größen bekannt sind. Häufig sind aber andere Größen gesucht, die in der Formel im „rechts" stehenden Ausdruck auftreten.

BEISPIEL

Eine Familie tritt mit ihrem Auto eine Fahrt zum ca. 540 km entfernten Urlaubsort an. Man rechnet mit einer Durchschnittsgeschwindigkeit von 80 km/h unter Beachtung von Autobahnstrecken, Landstraßen, Ortsdurchfahrten, Pausen usw. Welche Zeit wird die Fahrt etwa in Anspruch nehmen?

Lösung: Die Formel $v = s : t$ spiegelt die Beziehung zwischen den gegebenen und gesuchten Größen wider. Um die gesuchte Größe zu berechnen, behandelt man die Formel wie jede Gleichung nach den bekannten Umformungsregeln (↗ S. 31). Man stellt die Formel nach der gesuchten Größe um, löst also die Gleichung nach der gesuchten (unbekannten) Größe auf.

Prinzipiell führen zwei Wege zum Ziel.

Die Formel wird in ihrer allgemeinen Form nach der gesuchten Größe umgestellt.

$$\begin{aligned} v &= s : t \quad &| \cdot t \\ v \cdot t &= s &| : v \\ t &= s : v \end{aligned}$$

Dann werden die gegebenen Größen eingesetzt und die Berechnung ausgeführt.

$$t = 540\,\text{km} : 80\,\frac{\text{km}}{\text{h}}$$

$$t = 6{,}75\,\text{h}$$

In die Formel werden alle gegebenen Größen einschließlich der Einheiten eingesetzt.

$$v = s : t$$

$$80\,\frac{\text{km}}{\text{h}} = 540\,\frac{\text{km}}{\text{h}} : t$$

Dann wird die Gleichung nach der gesuchten Größe aufgelöst.

$$80\,\frac{\text{km}}{\text{h}} \cdot t = 540\,\text{km}$$

$$t = 540\,\text{km} : 80\,\frac{\text{km}}{\text{h}}$$

$$t = 6{,}75\,\text{h}$$

Im Alltag kann es für Autofahrer lebensgefährlich werden, wenn sie eine Gefahrensituation (Hindernis auf der Straße, Überholvorgang, …) zu spät erkennen und nicht rechtzeitig abbremsen (Schrecksekunde!).

BEISPIEL

Berechne, wie viel Meter ein Auto bei einer Geschwindigkeit von 100 km/h ungebremst in einer Sekunde zurücklegt. Die Formel $v = s : t$ wird nach s umgestellt: $s = v \cdot t$.
Das Einsetzen der gegebenen Größen führt zu:

$$s = 100\,\frac{\text{km}}{\text{h}} \cdot 1\,\text{s}$$

Hier darf nicht einfach „losgerechnet“ werden! Mehrere Schwierigkeiten treten auf: Der Buchstabe s steht links für eine Strecke, rechts als Zeiteinheit (Sekunde).
Um diese Doppeldeutigkeit zu vermeiden, kann z. B. für den Weg w statt s geschrieben werden:

$$w = 100\,\frac{\text{km}}{\text{h}} \cdot 1\,\text{s}$$

Die Zahlenwerte in der Formel sind mit zwei verschiedenen Zeiteinheiten (h: Stunde, s: Sekunde) verknüpft.
Die Länge ist in Metern gesucht, die Geschwindigkeitsangabe enthält aber die Einheit km. Vor der Berechnung sind deshalb die Einheiten aufeinander abzustimmen.
Da der Weg in Metern gesucht wird, kann die Geschwindigkeit zuvor in $\frac{\text{m}}{\text{s}}$ umgerechnet werden.

$$\frac{100\,\text{km}}{1\,\text{h}} = \frac{100 \cdot 1000\,\text{m}}{1 \cdot 3600\,\text{s}} = \frac{100\,000\,\text{m}}{3600\,\text{s}}$$

$$w \approx 27{,}8\,\frac{\text{m}}{\text{s}} \cdot 1\ \text{s}$$

$$w \approx 27{,}8\,\text{m}$$

Bei der Bearbeitung von Formeln ist also stets zu beachten, welche Größen durch die „Buchstaben“ jeweils beschrieben werden.

BEISPIEL

$V = \frac{4\pi r^3}{3}$

V … Kugelvolumen (variabel, abhängig von r)
r … Kugelradius (variabel, unabhängig)
π … Kreiszahl 3,14 … (Konstante)

Die Formel kann nach r umgestellt werden.

$r^3 = \frac{3 \cdot V}{4 \cdot \pi}$ — r ist nun abhängige Variable von V, das eine beliebige positive reelle Zahl sein kann.

$$r = \sqrt[3]{\frac{3 \cdot V}{4 \cdot \pi}}$$

Eine Formelumstellung nach π ist zwar formal möglich, hat aber keinen Sinn, weil π eine Konstante ist, also nicht abhängig von anderen Größen.

Die letzten beiden Beispiele zeigen, dass du ohne Kenntnis der Bedeutung mathematischer Symbole weder mathematische Texte vollständig verstehen noch mit mathematischen Formeln sicher umgehen kannst.

Buchstaben und andere Zeichen (Symbole) in den Formeln dienen zur abgekürzten Bezeichnung mathematischer Objekte und Beziehungen oder physikalischer Größen. Sie beruhen auf Vereinbarungen und z. T. genormten Festlegungen.

Sie sind Bestandteil der mathematischen Fachsprache. Vor allem bei Verwendung von Buchstaben ist es jedoch möglich,

- gleiche Buchstaben für verschiedene Objekte zu verwenden, z. B. in verschiedenen mathematischen Gebieten.
  Hinzu kommt die Verwendung für physikalische Größen in Formeln und für Maßeinheiten;
- gleiche mathematische Objekte mit verschiedenen Buchstaben zu bezeichnen, z. B. in verschiedenen Lehrbüchern.

Das kann zu Missverständnissen und Verwechslungen führen. Deshalb musst du genau wissen, welche Symbole in deinen Schulbüchern in welchen Stoffgebieten und Anwendungsbereichen verwendet werden und was sie in zu bearbeitenden Formeln bedeuten.

BEISPIELE für die unterschiedliche Bedeutung und Verwendung von Symbolen

■ A	Menge	$A = \{1; 4; 9\}$	(mit 3 Elementen)
	Punkt	$A(2;5)$	(mit Koordinaten)
	Flächeninhalt	$A = a \cdot b$	(Rechteck)
■ m	Zahl	$m \in \mathbb{N}$	(beliebige natürliche Zahl)
	Anstieg	$y = mx + n$	(lineare Funktion)
	Masse	$F = m \cdot g$	(Gewichtskraft)
	Meter	$l = 3\,\text{m}$	(Längenmaßeinheit)

Teste dein Wissen!

Kapitel „Rechnen mit Formeln“	O.K. ✓	Das muss ich noch mal lesen
Ich kann Formeln nach gesuchten Größen umstellen.		S. 158–160
Ich kann in Formeln auftretende Bezeichnungen unterscheiden.		S. 160, 161

Stichwortverzeichnis